蒋丹◎著

二孩妈妈
要读的心理学

朝華出版社
BLOSSOM PRESS

图书在版编目(CIP)数据

二孩妈妈要读的心理学/ 蒋丹著. － 北京:朝华出版社,
2018.2

ISBN 978-7-5054-4213-9

Ⅰ.①二… Ⅱ.①蒋… Ⅲ.①儿童心理学②儿童教育
－家庭教育 Ⅳ.①B844.1②G78

中国版本图书馆 CIP 数据核字(2018)第 011279 号

二孩妈妈要读的心理学

作　　者	蒋　丹
选题策划	罗　金
责任编辑	刘小磊
特约编辑	化莹莹
责任印制	张文东　陆竞赢
封面设计	芒　果

出版发行　朝华出版社

社　　址　北京市西城区百万庄大街 24 号　　　　邮政编码　　100037

订购电话　(010)68413840　68996050

传　　真　(010)88415258(发行部)

联系版权　j－yn@163.com

网　　址　http://zhcb.cipg.org.cn

印　　刷　北京柯蓝博泰印务有限公司

经　　销　全国新华书店

开　　本　710mm×1000mm　1/16　　　　字　　数　180 千

印　　张　14

版　　次　2018 年 3 月第 1 版　2018 年 3 月第 1 次印刷

装　　别　平

书　　号　ISBN 978-7-5054-4213-9

定　　价　35.00 元

前　言 | Preface

一

现在被很多三口之家提上议程的话题就是："要不要生第二个宝宝？"

对于每位母亲来说，生养孩子是她们人生中最幸福也是最辛苦的事情；而对于整个家庭而言，生养孩子也是最重大最不可缺少的事情。自从"全面二孩"政策实施以来，人们便开始考虑为家庭为自己再添一个孩子。多一个孩子便多一份人气，家庭的欢乐也会增加不少。

于是，众多的母亲看着已经长大的第一个宝宝，在宝宝天真烂漫的笑容中，忘记了生养孩子的辛苦，怀着给宝宝再生一个弟弟或妹妹的渴望，纷纷决定再次踏上漫漫的十月怀胎之路……

面对再次生育，有过一次体验的父母，还会紧张到不能入睡吗？想必不至于如此了吧，但是完全不紧张也是不可能的，毕竟是一个小小生命的诞生，任何一个小环节的失误都有可能造成不可挽回的伤害。一想到这里，爸爸妈妈心里多少会有些忐忑。

因此，爸爸妈妈需要做好生育二宝的心理准备。只拥有健康的身体条件，而没有充分的心理准备，那二宝带给家庭的除了天伦之乐外，还有可能带来许多不必要的麻烦。

当前，有二孩的家庭越来越多，很多家长开始注意有了二宝以后的科学育儿问题，尤其是对大宝的心理疏导问题。

作为大宝心理过渡期的第三期，母亲的"产后"阶段是最漫长、最复杂、最能产生深远影响的时期，儿童成年以后的性格塑造、依恋关系、自我印象等都与这个时期有关。

在这个阶段，"弟弟妹妹"不再是父母口中的抽象概念，而是变成了一个和自己一样有血有肉有需求、会哭会笑能行动的伙伴。更重要的是，随着二宝逐渐长大，大宝与二宝之间需要分享的东西越来越多，小到食品、衣服、玩具，大到父母的精力和旁人的关注，两个小生命从见面伊始就陷入了一场无形的竞争当中。在二宝刚出生的一两年，父母可能观察到以前"成熟懂事"的大宝突然表现出很多"退行现象"。

比如原先已经可以自己如厕的大宝突然开始尿裤子了，原来已经分房可以自己入睡的大宝又提出要重新和爸爸妈妈睡在同一张床，已经可以用杯子喝牛奶的大宝重拾奶瓶奶嘴……大宝的情绪波动变得很大，感情敏感而脆弱，还可能做出一些以前从未有过的"调皮捣蛋"的事情。

这些都表明大宝通过自己的观察，已经在心里感受到了来自二宝的威胁，正在以自己的方式向父母提出抗议。这个时候请家长不要过度焦虑并指责大宝，而是要充分关注大宝的生活，帮助他重拾自信心和安全感，从而为今后建立健康的同胞关系打下基础。

有一些家长认为，对大宝和二宝的期望应该由出生顺序决定，大宝先于二宝来到这个世界，在人生的前几年是父母唯一的焦点，在二宝出生时又具备了一定的照顾自己和他人的能力，所以在成长过程中自然应该负担起关爱、谦让和分享的责任，成为弟弟妹妹的守护者和榜样。

另一些家长则觉得这样对大宝有失公允，两个孩子对于父母来说是手心手背，需要一视同仁，绝对公平地对待。还有一些家庭对两个或多个孩子的处理方式与儿童性别、出生时的家庭经济状况有关。尽管这些角度各有各的道理，但如果绝对地按照某一条来执行，又各自有弊端。

试想如果我们口中反复强调二宝是爸爸妈妈送给大宝的玩伴，大宝可以教会二宝很多东西，而大宝最先经历的却是亲子时间的缺失和玩具的强行分享，"血缘之情""手足之爱"又怎能从这些幼小的心灵里自然而然地流露出来呢？另外，如果一味地在大宝和二宝之间进行对比，试图在资源和回报上找到绝对的平衡，当大宝要求重新和爸妈同睡一张床、重新用奶瓶喝牛奶的时候，我们是否有必要完全地满足他呢？此外，如果我们看到二宝比大宝表现得更听话的时候，是否会在孩子面前感慨："瞧，弟弟妹妹才这么小，已经可以自己穿衣服了，而你都这么大了，却还要爸爸妈妈帮忙。"

西方知名作家在畅销书《如何说孩子才能和平相处》里面提出这样一种看法：儿童最最需要的不是被公平对待，而是被有针对性地对待。

如果把大宝和二宝放在天平的两端，父母所要做的，并不是在开始就将其设定为无条件地倾斜，也不是在所有的时刻都要保证绝对的水平、没有偏差，而是在动态中寻找平衡，在关注每个孩子特点和需要的基础上，在方法上因人而异，在投入上一视同仁。

在兄弟姐妹共同成长的漫长岁月里，有欢笑，有吵闹，有惊喜，也有无奈。他们自始至终会被内心的两股力量所驱使：一股源自血缘，提醒他们有着共同的家庭、资源和默契；而另一股则来自自我实现的冲动，想要把自己独立出来，变得卓越而无法取代。在两股力量经年累月的交织之下，他们当中的有些人成了彼此相仿、亲密无间的挚友，也有一些成为温和礼让、优势互补的家人。哪怕还有一些无法如父母所愿，成为彼此最大的精神支柱，也并没有关系。

三

在所有的心理准备中，妈妈的心理准备是最重要的。大量研究表明：孕妇的心理状态与情绪变化能直接影响体内胎儿的发育，影响孩子成年后的性格和心理素质的发展。

从经验上来说，妈妈在生第二胎时要比生第一胎时沉着，但从风险上来看，妈妈在生第二胎时所冒的风险要比生第一胎时更大。构成风险的因素是多方面的，既有外部因素，比如医疗卫生条件、家庭环境等，又有内部因素，比如妈妈的身体条件。此外在养育第二个宝宝时也存在着很多隐性的风险，比如是否有足够的时间和精力带孩子、经济压力是否可以承受等，这些风险都是需要我们去注意和避免的。

生二宝，很有可能会导致妈妈的事业终止或中断一段时间，两个孩子也必然会产生更大的抚养压力。如果有工作的妈妈打算为孩子回家做全职太太，那么必然会放弃一部分生活、社交圈子，对于角色的转换，妈妈一定要提前调试好。

计划要二宝，如何给大宝做心理建设？

二宝出生后，如何保护大宝的感受？

两个孩子同时需要妈妈怎么办？两个孩子之间的冲突何时开始频繁？

……

这些问题开启了一扇大门，让我们进入更为广阔的二孩世界！

不要惧怕所有的问题，它们向我们呈现了一个真实无比的世界。

我们所有的自责、愧疚、迷茫、着急，正是我们觉醒的原动力！那些低落、无序、混乱、抓狂的日日夜夜，也正是生活开始改善的起点！当我们提出一个问题，它才有被处理的机会。

每一个孩子，都是一个独一无二的个体，带给我们无法替代的经验，等待我们的关怀。在他们的童年播下与人为善的种子，教会他们如何表达内心、解决冲突、与人协作……

妈妈的情绪，决定了孩子的未来，这七节课，是二孩妈妈必须要上的心理课，也是一份使二孩家庭受益终身的礼物！

目 录 | Contents

试想有一天你发觉你最爱的人，不再像从前那样花时间和你相处，而把注意力转移到另外一个人身上，你会是什么感觉呢？应该是疑惧、嫉妒、被冷落的复杂感受吧，这正是那些"失宠"孩子的心情写照。

那么，这时你会希望你所爱的人怎么做来消除你心里头的这些不安呢？

每个孩子的特征不同，父母给予的爱的方式也各有不同，但有一点是相同的，就是发自内心地、平等地爱两个孩子。

当上帝决定让你成为一个女人的时候,也就授予你创造人、养育人的职责,与此同时还要求你是一个身体健康、精神面貌良好的女性。这是作为一个母亲必备的特质。

家有二宝,爸爸妈妈如何同时照顾好两个孩子,又如何教导大宝爱护二宝,并处理好两个孩子的关系,这些将成为成就一个美满的四口之家的关键。

第七课　家有二孩，女孩养气质，男孩养志气 179

很多二孩家庭"儿女双全"。虽然男孩、女孩都是父母的宝贝，但在语言与行为上毕竟存在着不同，这些差异主要体现在后天的学习、生活等各个方面上。

很多父母往往用同一个标准去教育不同性别的孩子，所以效果不佳，希望二孩父母懂得，性别的不同，造就了孩子不同的特质，不同特质的孩子需要用不同的教育方法来培养。

第一课

二孩时代，我们在纠结什么？

✻✽✻✽

　　全国妇联儿童部发布的《实施全面两孩政策对家庭教育的影响》调查报告显示，在发达省份和城市家庭中生育二孩的意愿相对较低，而"经济压力大""没有精力再照顾另一个孩子"是影响生育意愿的重要因素。

经济压力：多生一个意味着什么？

某杂志社的调查显示，除了有34.8%的受访者肯定会要第二个孩子，54.4%的受访者会视情况而定是否生育第二个孩子，还有8.2%的受访者明确表示只会要一个孩子，2.6%的受访者甚至没有生育孩子的打算。表示只生育一个孩子的受访者们在填写调查问卷时，将"经济压力"列为只生育一个孩子的首要因素。

这的确是大部分父母所面临的最主要的问题。

4年前，在北京生孩子的时候，亚萍请的月嫂一个月只需要6000元，而如今"全面二孩政策"出台后，月嫂的月薪已经涨到了1万~1.5万元，原本婆婆"自告奋勇"帮着带孩子，可是一个星期下来，非但孩子身体又瘦又脏，衣服上还总有没洗干净的污渍。

当律师的亚萍说："在照料孩子这件事上不要依赖妈妈或婆婆，实际上老人们也早忘了该怎么去照料新生儿，而且又不能说她们，一不小心还容易引发家庭矛盾。"于是，她托了一位朋友，从河北请了一位愿意来京带孩子的月嫂，出价每月1万元并包往返交通费。

"如果通过中介公司，这个价钱还得上浮30%左右。"亚萍说，"但是我相信让专业的人做专业的事，不然受罪的还是我们自己。"

在生第一胎的时候，坐月子期间，亚萍极度不适应新的身份。"有一天，家人喊我吃饭，我出去一看，我喜欢吃的鱼已经被公公戳得七零八落，我眼泪莫名其妙就掉下来了，觉得全家没人把我当回事，也许这是所谓的轻度产后抑郁。心理上已经备受摧残，却仍然要在每个深夜里给孩子喂奶、换尿布，生理、心理上遭受双重痛苦。"

如果仅仅是请月嫂的经济开支，那倒还在亚萍预算之内，亚萍和老公是大学同学，毕业后双双留在了北京，在同级同学的眼里，他们算是"幸福的一对"，一个供职律师事务所，一个在IT界工作。

"但是北京的生活成本实在是太高了。要生两个孩子，经济上就得仔细掂量，到底养不养得起？"早在单独二孩政策出台时，夫妻俩就开始考虑生二孩的事。可恰恰是因为有了养孩子的经验，对养育成本有了更清晰的思量，对经济压力的担忧，让夫妻俩踟蹰了好几年。

"对于每个家庭来说，生不生二孩，都是一个经过深思熟虑反复掂量的艰难选择。"最后选择生二孩，是因为夫妻两人都觉得"没有根的感觉"。亚萍说，"就是想再给自己生一个亲人。"所以，他们还是决定生二孩。

亚萍自己感觉，孩子在婴儿时期，奶粉和辅食上的花销算是最高的。她的奶水不足，小儿子从满月之后就开始喝奶粉。"进口奶粉一罐是360元左右，每个月大概需要5罐，仅仅这一项每月就需要1800元。"

而现在，他们的大女儿4岁了，每天也要喝儿童牛奶和吃其他营养品，两个孩子每月在吃上就要花将近3000元。纸尿裤也一直在"烧钱"。"现在的纸尿裤进口的大概是2~3元一片，便宜的也要1~1.5元一片，而在婴儿时期的宝宝，几乎每天都要用5~7片。"

除了奶粉和纸尿裤，孩子的玩具和衣服也需要花费很多。

"尤其是生第一个孩子时，第一次当爸妈总想给予她更好的，把孩子看得跟宝贝似的娇贵，舍不得给她用低档的。"然后，到了儿子出生，为了能省一点，他们把女儿小时候的物品重新拿出来，也搜罗了不少亲戚家的闲置用品，以达到节省养育成本的目的。"不是都说男孩要'穷养'嘛，生活用度就缩缩水算了。"

但毕竟是多养了一个孩子，对亚萍来说，经济压力仍然存在。"只养一个娃的时候，在钱上没什么感觉，就是少买几件衣服的事儿，但有了小儿子之后，花费几乎都翻倍了，明显感觉花钱跟流水似的。"这些育儿花销在亚萍眼里，就像一个填不满的无底洞，让她感到既甜蜜又沉重。

而且，两个孩子未来的教育成本，则不像吃穿用度那样可以"将就"。大女儿今年已经上幼儿园了，就在小区里的私立幼儿园，每个月的学费是3500元。"当时觉得很贵，毕竟公立幼儿园才600多元，但公立的太难进了。"

亚萍不想过多攀比，但她也感到焦虑。最初的想法是什么都不让孩子学，顺其自然，开心快乐就好。但当她发现，身边的孩子们竟然都能熟练掌握日常英语的听说并且还有其他特长时，她才意识到，如今这个时代对孩子的要求不一样了。亚萍无奈地说："如果你不让孩子学，孩子就跟不上了。"

从去年开始，她根据女儿的兴趣报了舞蹈班，还准备在女儿5岁时开始报英语班和钢琴班。"现在报个特长班，一年下来随随便便都要1万块。"眼下儿子还小，这些教育花销暂时还不涉及，但长大后也同样省不了，将全部由家庭来负担。

亚萍心里颇多无奈，却也不可避免地被裹挟其中了。

新生儿的到来，固然能使家庭结构更加合理，为家庭注入活力，提高家庭成员的幸福感，但是随之而来的经济负担，也足以让一部分人选择

"不生"。

39岁的于姗姗已经开始为未出生的二宝上幼儿园的事而发愁了。于姗姗的大女儿四岁半，在北京市朝阳区的一家私立幼儿园读中班，每个月托儿费和伙食费加在一起共5500元。再过4个月就要生二宝了，于姗姗说，他们没有北京户口，公立幼儿园肯定上不了，只能选择私立幼儿园。"再过三年，私立幼儿园肯定会涨价。"她打听过，今年大女儿就读的幼儿园已经涨到了6000元一个月。

"经济压力"是目前于姗姗最先感受到的。事实上，她家的经济收入还算不错，她自己在一家从事建筑设计的私企工作，虽然公司不大，但在业内也算得上有名气，作为人力资源总监，于姗姗一年能拿到大约15万的薪酬。她的爱人在一家知名网站从事广告经营工作，一年的薪水加提成也有25万元左右。"之前从来没有仔细算过账，怀了老二才发现，用钱的地方会越来越多。"于姗姗说，每月近1万元的房贷加上大女儿上幼儿园的支出，这已经大于她一个月的工资了，还不算未来孩子们要上的各种兴趣班的花费以及吃穿用度。

显然，在决定生育二孩之前，就应该做好理财规划。

重新规划家庭支出预算，可以制订一份家庭收入与开支表，摸清家庭财务状况，例如，哪些是必须按时支出的，哪些是必须支出，哪些是可以重复利用而不必再度支出的，等等。这可以起到节流的作用，以此慢慢积累家庭财富。

当然，家庭要提前预留出一笔资金用于应对二孩到来后持续增长的家庭开支。孕产期间的花费是与平日不同的额外支出，而且必要，对于新生儿而言，出生后的角色就是一个独立的消费者了，奶粉、纸尿裤、衣物等，也会产生大量费用。所以，需要从打算要二孩之时起就开始准备。

　　正如于姗姗所忧虑的，教育是未来支出的一个大头，要做好家庭的刚性开支的预算。建议可以加强储蓄，每月固定存入一定数额的资金预留做教育基金。

❋❋❋❋❋❋❋❋

全职：职场妈妈的心理"红线"

全职——不少二孩妈妈的心理"红线"，至于是否跨过，许多人仍处于不断纠结之中。

"今天是感恩节，而自己还在情绪的旋涡里挣扎，自卑和人生的失败感最近一直困扰着我，什么事都高兴不起来，不想和人接触，觉得别人不喜欢自己……"这是二宝妈妈颜颜在微信朋友圈发的内容，时间是凌晨2点，4小时后，她又昏沉沉地被闹铃叫醒，要起来给孩子做饭、送孩子上学等。

硕士毕业的颜颜从未想过自己有一天会走这条路。毕业以来，跟着现在的老板打拼，公司成立时才4个人，现在已经有500多名员工，颜颜做办公室主任，工作游刃有余，更是乐在其中。

辞职的原因是——没人带家里的两个孩子。

"当时大宝2岁多，小宝9个月，我休产假回去上班不到半年的时间里，家里阿姨如流水一样地换了13个。有用厨房剪刀给小宝剪尿不湿的；有来了几天就喊了朋友来我们家小聚的；有把孩子内衣和我老公的球鞋一起放洗衣机里搅的；还有两个保姆打架打到邻居报警的。双方老人年纪也大了，都帮不上忙，老公自己开外贸公司，只能我回家带孩子了。"

辞职的时候，颜颜还挺憧憬辞职后的日子："管两个孩子，总比管500个员工轻松吧！"她想，家里没啥经济压力，自己从读高中起就一直绷着弦，工作后更是忙得跟陀螺一样。怀大宝时，预产期前两天才回家休息，产假两个月后就去上班了。现在全职，就当放松放松，可以看看喜欢的小说，学插花，有空约朋友吃一顿下午茶，带孩子去海边度假，等等。

没想到完全不是这么一回事，自己回归家庭后，保姆自然也辞了，全靠自己。"往往刚把大宝送进厕所，小宝又要喝奶，冲奶时手忙脚乱，经常打破奶瓶；这边刚把衣服扔到洗衣机，那边小宝就把哥哥的玩具扔进马桶；辛辛苦苦做好饭，小宝闭着嘴不吃，大宝又打翻餐盘……别说下午茶，一天能吃上饱饭就不错了，趁着他们睡着，就得赶紧干家务。"

颜颜说，更失落的是，觉得自己的世界越来越小。

"生活里似乎全是尿不湿、奶瓶和一日三餐。刷朋友圈，同学、朋友都各有精彩，自己却忙乱得连晒娃的力气都没有。老公回家后，我巴不得他能分担点，帮忙带下。他总觉得，我全天在家，带孩子就是我的事。两个人也越来越没话说了，我没心思聊风花雪月、时政大事，他也没心思听我聊孩子今天又拉稀了。"

"我看到以前同事群里说要聚会，大家兴致高涨，一股无名的失落又来了，我决定以后再也不参加聚会了。一直认为聚会只是成功者的炫耀，像我这种人去了只是受刺激。没有工作以后，我失去了太多太多，年轻时原有的那点自信现在一点都没了，朋友、同事、家人都在慢慢地失去，现在只有忠诚的孩子守在我身边，这是给我最大的安慰，但不能弥补长期脱离社会带来的失落感和人生的挫败感。原来，我很享受工作带来的乐趣，现在只剩下叹息了，我希望能尽快找到真正的自己，活得像个正常人一样……"

的确，这是一个二孩妈妈群体逐渐壮大的时代，不少生完二孩的女性为了照顾孩子，成为全职妈妈。

可如今，全职妈妈可不是一个好做的职业，不仅身心疲惫，而且危机四伏。不少全职妈妈局限于家庭一隅、脱离社会，不管是个人情绪的波动，还是家庭关系的处理、经济压力的倍增或者个人价值的泯灭，都有可能成为压倒全职妈妈的最后一根稻草。

那么，那些一边带孩子一边上班的职场妈妈，生活又如何呢？

"每天一睁开眼，脑子里就蹦出来几个数字：每个月房贷1.8万元，车贷6000元，夫妻每月收入4万元，还要负担孩子的养育费、父母的生活费，已经是逼近负资产的状态了。"晶华很清楚，在深圳这座城市里生活，压力非常大。背着供房和养育的沉重压力，她不敢在工作上有任何偷懒懈怠或退步，仿佛穿上了永不止息的红舞鞋。

放开二孩后，晶华心里就开始纠结，她深知再生一个孩子对工作晋升的阻力，又实在心疼孩子的未来。"如果孩子没有兄弟姐妹，他以后在这个城市里将多么孤单无助啊！"更何况，晶华相信，在兄弟姐妹的陪伴下长大的孩子，性格也会更加健康。

晶华最后还是咬咬牙生了二宝。哺乳期里，晶华白天上班，夜里带娃，在将近一年半的时间里，晶华的体力严重透支。孩子对母亲的依赖是天生的，尤其是在夜晚睡觉时，必须是晶华来抱着哄孩子，其他任何人都帮不上忙。

"有时候凌晨两三点，一抱就是一小时还哄不着孩子，那时候真是绝望啊。"而白天的工作却也是不能耽误的，没有任何时间去补觉休息。"必须像平常人一样努力工作，真是非常非常累。"

职场妈妈的心酸还不止于此，为了孩子的口粮，她成了"背奶妈妈"。

每天从工作中挤出时间来存奶，而公司里也没有专门的哺乳空间，只能躲在空气流通并不好的卫生间里。由于工作压力大，晶华的奶水并不多，但她仍然坚持每天"背奶"回家，孩子能多喝一口是一口，这是她作为母亲的努力和坚持。

为了让领导看到自己并没有因为生育而影响工作，她还要比别人更努力，花更多精力去弥补。她很清楚，如果自己失去这份工作，靠丈夫一个人的收入，远远无法承受一家人在这座城市里的生活成本。

"如果要赶上公司用人，不可能因为你是二孩妈妈而等你休假回来。"她总是反复强调，"企业不会去等你的，如果错过了机会，下一次就不知道是何时了。"

晶华的一位女同事就因为怀二胎，职场生涯遭遇沉重打击。"她是刚刚休完产假不久，不到4个月又不小心怀上了二胎。这也就意味着，她在连续的两三年里，都无法适应工作的强度，甚至她的工作可能都要交给别人帮她完成。这在领导心里，会让她的工作能力大打折扣。"年底时，这位女同事也因为业绩不佳而遭到了降级处理。同样身为二孩妈妈，晶华有种同病相怜的唏嘘之感："现实就是这样残酷，如果你不行，别人就要上。"

有了两个孩子之后，她还要更加努力地在工作与养育之间寻找平衡。"每天晚上到家就8点多了，便想抓紧每一分每一秒来弥补孩子们。给他们讲故事，看绘本，哄入睡。""除了工作和孩子之外，完全没有属于自己的时间，连和朋友聚会都成了一种奢侈。"

她偶尔也想过辞职，但在沉重的经济负担面前，这显然只是个幻想，她只能逼着自己坚持一下，再坚持一下。她内心深处，也不愿成为全职主妇，而失去独立的基础。

孩子越多，耗费的精力自然也就越多，这势必影响领导对女性工作投入程度的判断。要工作发展，还是养育二孩，这对很多妈妈来说，似乎是一道单选题。但越来越多像晶华一样的职场女性，却努力在夹缝中搏出一个双选的答案。

针对女性群体，某几家知名媒体联合进行了以"二孩妈妈，你会考虑离职吗?"为主题的网络调查，共收到815份调查问卷。

调查中，43.31%的受访者考虑生二孩；37.42%看情况而定。带两个孩子是个技术活，61.10%的受访者认为生二孩会对工作有一定影响。

如果生二孩，24.30%的受访者会选择离职；35.09%看情况而定；有40.61%的女性不会考虑离职。这部分受访者主要担忧经济问题，因为生了二孩本来花销就多了不少，再少一个人挣钱，会觉得经济压力更大。调查中，26.26%的受访者坦言，身边已经有二孩妈妈离职或准备离职的案例。

在"生二孩后离职主要原因"这个问题上，74.48%的受访者认为最主要的原因是："带娃主要靠自己，生育后很大一部分精力与时间被孩子占据，无法协调好工作与家庭之间的平衡。"

不离职的首要原因是"抚养两个孩子经济压力较大"，也有一些幸运的女性"家中有长辈可以帮忙照顾孩子"或"工作相对比较轻松，能协调好家庭与工作的关系"。也有受访者顾虑，从职场回归家庭，女人最大的落差是心态！不少回归家庭的女性表示："以前我们自己赚钱，照样养孩子。现在自己不能赚钱，还要将所有精力放在家庭，自己的私人空间少了不说，孩子没照顾好，遇到不体贴的公婆还会被责怪的。"

妈妈通常在孩子的成长中担任重要的角色，若分散时间和精力扑在职场，52.88%的受访妈妈担心无法一心一意地照顾孩子，使孩子缺乏安全感和信任感。也有部分受访妈妈害怕出现"可能因为要更多地照顾刚出生的孩子，相对忽略了大宝""与孩子缺少密切的亲子交流""对孩子的管教方式不一"等问题。

职场妈妈不要轻易放弃工作

随着全面二孩政策的实施，如今一些家庭的二宝已经呱呱坠地，越来越多的职场妈妈陷入"要家庭，还是要事业"的两难抉择中。

大多数女性由于需要对家庭和子女投入更多的精力，难免给自己职业生涯带来改变，并产生与生育前不同的职场诉求。因此，二孩妈妈必须懂得平衡工作与家庭的关系，进行取舍。

建议职场妈妈不要轻易放弃工作，因为很多女性没有做好当全职太太的准备，离开职场时间过长后，最终会导致自己越来越缺乏自信与安全感，再回到职场未必能适应新环境。对于已经做出选择，要回归家庭的全职妈妈来说，应该在照顾家庭的同时努力跟上时代的步伐，以确保生活环境发生改变后，能够在短时间内找回自己的工作状态。与此同时，全职妈妈对家庭的贡献，同样需要法律的保护和社会的认同及企业的理解，要保障她们获得更多的尊重与权利。

辞职生娃做好近5年职业规划

0~3岁是儿童早期发展阶段，妈妈的陪伴和良好的亲子关系为孩子以后的性格形成、人际关系奠定了基础。一些妈妈选择在这个阶段先让老人或是保姆带孩子，等孩子上小学后再接回来，但这样的孩子可能在亲子关系和谐度上会与父母自己带的孩子存在一些差距。很多妈妈养育第一个孩子的时候就发现了这个问题，于是生二孩后更加重视陪伴，便会选择离职。但选择离职一定要经过全家人共同商讨，得到家人的支持和理解。30岁左右的女性职业生涯处于一个稳定重要的时期，若离职一定过好自己的心理关。有不少妈妈是在没有准备好的情况下就离职，这样的女性如果在家庭生活中还得不到家人的认可，心理落差就会越来越大，自我价值感越来越低。全职妈妈一定要及时调整自己的心态，认识到照顾家庭和孩子的重要性。家人也要配合，肯定全职妈妈的付出。

孩子需要高质量的陪伴

一旦女性当上全职妈妈，所有的经济压力都会由父亲一个人承担，难免会使孩子在成长的过程中缺失父亲的陪伴。父母都是需要学习的，不管离职与否，孩子需要的是高质量的陪伴，而不是绝对的全天式的照顾。

❋✿❋✿❋✿❋✿

二宝对老大的"杀伤力"

生育第二个孩子并非是母体做好了准备就能顺利成行的，二宝带来的冲击，很可能对"老大"造成不小的"杀伤力"。

随着我国"单独二孩"和"全面二孩"政策先后落地，电视网络中不定时出现类似的情况：13岁的女孩以自杀逼迫父母放弃二孩，导致44岁的妈妈只得含泪同意；还有父母为了生育第二个孩子，给女儿写保证书——永远第一喜欢你；厦门一个10岁的孩子因为父母更爱二孩而频频离家出走……

亦有调查显示，在3~15岁的被访孩子中，竟有超过半数反对父母生育二孩。显然，与父母的期盼不同，"独惯了"的老大们不但对于手足之情并不感兴趣，而且有所抗拒。

紫苏和老公都是独生子女，二孩政策放开后，他们打算再生一个孩子。为了优生优育，他们上网查了很多资料，也咨询了很多人。很多过来人都告诫他们，生二孩之前一定要和大宝协商好，这个真的很重要。

于是他们夫妻二人决定郑重其事地开一次家庭会议，将这个事情拿出来让大家商议，当然也包括5岁的儿子童童。不出所料，当得知将来会有一个弟弟或者妹妹时，从小集全家宠爱于一身的儿子童童非常抵触，连连大喊"我不要弟弟妹妹"，甚至以要离家出走，做一个流浪的小孩来威胁。

紫苏和老公没有办法只能暂且搁置这个计划，打算以后慢慢说服童童。

暑假来临的时候，紫苏一个外地同学来到他们这座城市避暑，紫苏和老公热情地接待了她。童童看着这个大肚子的阿姨，觉得非常新奇，一会儿摸摸阿姨的肚子，一会儿又问紫苏当初自己是不是也是这样住在妈妈的肚子里。

紫苏觉得这是个难得的机会，于是她给童童讲解生命的奥秘。她告诉童童，小宝宝如何来到妈妈的肚子里，如何在子宫里成长，妈妈的肚子会越来越大，直到新生命来到这个世界上。紫苏说，从生命起源的角度帮助孩子接受新生命，不仅让孩子接受了性教育，而且还会让他逐渐放下心理防御。"他会明白，原来自己也是这样出生的，而未来的弟弟或妹妹也要经历相同的历程，而且他们一样都来自于同一对父母，天然的血缘亲近感也在建立。"

这之后，童童并没有那么激烈地反对他们夫妻生二孩了。而当身边的小朋友陆陆续续地也有了弟弟妹妹后，童童也开始动摇了，甚至还主动提及让紫苏给他生个小弟弟或小妹妹，他可以将他的玩具分享给他玩，还可以保护他，做一个好哥哥。

面对即将出生的二宝，紧张的爸爸妈妈们除了要厘清二宝到来前的千头万绪，也千万别忘了身旁的大宝。因为即将到来的二宝会让大宝感到焦虑，失去安全感，这种情况极为普遍。那么，爸爸妈妈应该如何缓解大宝的焦虑情绪？

周妍的丈夫是公司高管，经常忙得不可开交，常常不在家，因此家里常常就只有周妍和女儿安心。二孩政策放开后，周妍也曾经想过要生二孩，但是家里经常只有她一个人忙里忙外的，因此就放弃了。

有一次，学校老师给周妍转发了安心的心愿卡，上面写道："我想有一个妹妹，我可以给她讲故事，给她扎头发，这样我就不用孤孤单单地……"看完孩子的心愿卡，周妍眼睛湿润了，于是跟丈夫商量再生一个，让女儿有一个伴。得知父母的决定后，安心很高兴，她很盼望妹妹快点出来陪她一起玩。

8月周妍怀孕了，大家都非常高兴，每天的话题都围绕着这个未出生的孩子。爸爸开始为二宝精心准备小床，以及适合其玩耍的玩具；周妍也开始为二宝准备很多好看的小衣服、小鞋子；小姐姐更是高兴极了，她每天睡前都要坚持给还未出生的妹妹讲故事，念唐诗。

周妍以为这样快乐的日子会一直继续下去。直到有一天安心气呼呼地回到家里，并告诉周妍自己不想做姐姐了，自己要做妹妹。周妍觉得奇怪，就问她是怎么回事。原来，安心去小伙伴萱萱家里玩，萱萱家里有一个小弟弟，经常抢萱萱的玩具玩，而萱萱的奶奶总是对萱萱说：你是姐姐，要让着弟弟。安心觉得萱萱好可怜，宠爱都被弟弟占去了，害怕自己以后也会变成这样，所以不要做姐姐了。

周妍觉得这是个很重要的事情，二宝出生后这样的事情肯定会或多或少地出现，于是她决定给安心好好讲讲二宝带给她的变化。

周妍首先告诉安心，多一个小弟弟或小妹妹会多一个人爱她，她就比其他孩子多了一份爱，这是一件非常幸福的事情。而且她还多了一个十分亲密的朋友。虽然她已经有很多好朋友，但这个朋友可以每天和她生活在一起，天黑了也不用分开，随时可以玩游戏。

然后，周妍告诉安心小宝宝会带来哪些变化：首先是妈妈不能经常抱她，有段时间还不能接送她上学；其次是小宝宝刚出生后，需要占用妈妈更多的时间。"我特别跟她强调，这并不代表妈妈不爱她，相反，妈妈希望跟大宝一起分享小宝宝的生活。"周妍说道。

后来周妍还拿出了自己的日记，把从怀大宝、生产到出生后一段时间内真实的经历和那时的心情，都讲给安心听，安心听得非常认真。周妍自豪地说："我相信她在那些字里行间中，每晚依偎在一起读日记的过程中，已经体会到我对她满满的爱。"

从周妍的例子中，我们不难发现，和大宝做好沟通不仅要从言语上说服她，还需要在行动上下些功夫，这样才能让大宝真正地放下心来。

另外一个需要爸爸妈妈注意的问题是，和孩子沟通并不等于哄孩子。孩子3岁以前，比较容易接受有一个新的家庭成员这件事，但是孩子5岁以后，思维和判断能力都已经初步形成，父母们不妨像对待一个小大人一样，平等地和他进行交流。告诉大宝，以后爸爸妈妈老了，如果多一个弟弟或妹妹，就有两个人照顾老人，可以减轻你的负担；生下弟弟或妹妹之后，爸爸妈妈不会减少对你的爱，而且，你还会收获弟弟或妹妹的手足之情。

以孩子能够接受的方式告诉他

以孩子能够接受的方式向他解释某些事情，这是尤为重要的。这也就是说在和孩子说话的时候，要用孩子能够听明白的语言让他们理解。尽管几乎所有的初学走路的孩子都知道"宝宝"和"肚子"的含义，但是大多数2岁的孩子并不明白"怀孕"是什么意思。因此，最好跟大宝说，有一个小宝宝在妈妈的肚子里，而不是简单地说妈妈已经怀孕了。当然，爸爸妈妈还需要说清楚，这个宝宝迟早会从妈妈的肚子里出来的，并且会成为这个大家庭中的一员。大多数2岁大的孩子并没有做好准备接受很多有关怀孕细节的东西。2岁大的孩子不太可能会问"为什么肚子里有个宝宝"，即便他们问起来的话，也是在期待一个很简单的答案。妈妈肯定最了解初学走路的孩子，所以一定要用他们能够理解的语言和他们说话。

适当重复

当爸爸妈妈向2岁大的孩子第一次解释一些事情的时候，孩子不太可能把它当作一件很重要的事情。因此，孩子需要通过爸爸妈妈不断地重复怀孕这件事情才能够慢慢地开始明白。每天，爸爸妈妈要试着以某种方式向孩子提及这件事情，即便是很随意地谈起，让孩子随时知道妈妈肚子里的宝宝的存在，能够有助于他理解怀孕的意思，并且能够让他懂得这是一件多么有趣的事情。

举例说明

大多数2岁大的孩子在理解概念的时候都会经历一个很艰难的时刻。如果能够看到或者触摸到一些东西的时候，那么更容易让他们理解。"怀孕"这一词汇对于刚刚学走路的孩子来说是一个难以掌握的词汇，因此爸爸妈妈要尝试着使用生活中的真实例子来帮助孩子理解。妈妈如果怀孕的话，可以指着自己的肚子对孩子说："宝宝现在就在妈妈的肚子里呢。"还有，当孩子看到一些动物和它们的幼崽的时候，也可以向他解释。爸爸妈妈还可以给孩子一个玩具娃娃，以此来帮助他理解"宝宝"这个词的含义，并且可以让孩子学着照顾宝宝。

如何处理隔代教养带来的家庭冲突？

伴随着"二孩政策"的全面放开，本该颐养天年的老人，要承担起养育两个孙辈的责任。多数老人认为儿女有难处，不能不帮，但这一帮就把自己拴得死死的。尤其是已经带大了一个孩子，现在又要带第二个孩子，身体和心理上都不太能接受。

王阿姨之前的日子过得很滋润，平时跳跳舞，或者和朋友旅旅游，"噩梦"从儿子生了二宝让她去带孩子开始。

她说，她现在的日子就像一只陀螺一样转个不停。孙子的学校离家有些远，需要早点儿出门，所以她每天早上6点起床开始忙着做早餐。为了孙子的健康，她严格按照营养食谱上所列出的食谱做。每天的早餐要蛋、奶、蔬菜、干果搭配得当，而孙子又不喜欢吃蔬菜，所以她就想方设法地让孙子多吃一点蔬菜，有时剁碎放进粥里煮，有时将蔬菜包进孩子爱吃的馄饨里。

7点多，儿子、儿媳起床，王阿姨赶紧接过孙女，给孙女冲奶、喂奶。有时候小家伙不到5点就醒了，开始闹，为了让其他人多睡一会儿，她就先抱出来哄。

等到大家都陆续出门，上班的上班，上学的上学，王阿姨才能坐下来囫囵吞枣地吃个早饭。趁着孙女睡着的时间，她又赶快洗碗收拾。9点多的时候，她要抱着孙女下楼晒晒太阳，顺便买买菜。中午喂孙女喝完奶，趁着孙女睡着的时候，她又开始收拾家里，叠被子，打扫房间，洗衣服，等忙完了，孙女又醒了。于是她胡乱吃了几口饼干，又开始陪孩子玩。

下午4点半，她又开始提前准备晚餐，将孙女放入婴儿车里，一边给孩子哼儿歌，一边择菜，洗菜。等收拾完毕，又到接孙子放学的时间了，她带着孙女一起去接孙子下课。回家后，她一边看着孙女，一边又督促孙子做作业。

等到儿子和儿媳下班后，将孙女交给儿媳后她才开始做晚饭。七点半的时候，终于可以歇下来，一家人安静地吃顿晚餐了。可是没吃几口，孙女又开始闹了，王阿姨没有办法，只好离开饭桌去哄孙女，等到她开始吃饭时，饭菜早都凉了。这还算好的，如果遇上儿子、儿媳晚上加班，那她吃饭就更没点儿了。

"买菜路过公园，好多老人在唱歌、跳舞，真是羡慕，现在连这点儿时间和精力都没有了。"王阿姨说，"家里就剩我一个人时也会觉得孤单。可是周围的朋友，不是出去旅游了，就是去公园唱歌跳舞去了。有时候，想找一个说话的人都没有。"

王阿姨说，帮儿女看孩子，身体累是其次，心累才是真的啊。现在对老人带孩子的要求太细致了，喂配方奶、吃辅食、做婴儿操、睡午觉什么的，都有规定。每次看到儿童意外伤害的报道，王阿姨都会做噩梦，所以在照顾孙女的时候就格外用心。

家家有本难念的经，在很多人的观念里，夫妻两人要上班，孩子当然得由老人来带。可是老人，终归是处在身体机能开始退化的年龄，有时候，他们就算有心，身体素质却已经走了下坡路。照顾孩子，真的不是简

21

单的活，更不用说是要同时照顾两个孩子了。

"带孩子，带出了抑郁症。妻子最近情绪一直很低落，会因为一点儿小事就流泪。" 65岁的孙先生如是说。

孙先生说，儿子结婚的时候，老两口就咬牙买了当地的学区房，为的就是方便以后孩子上学，尽管贵了些，但是为了以后长远着想，也只能省吃俭用了。一年后，孙女出生了，老两口为了照顾孙女，决定由孙先生的妻子于女士去儿子家照顾孩子，他留在家里照顾老母亲。

"就这样我们分居了六年，好不容易等着孩子上小学了，想着我们老两口终于可以轻松些了。我还承诺，暑假前带妻子回趟山东老家，我们一起去看看岳母。可是还没有享受几天轻松的日子，儿子就告诉我们，儿媳再次怀孕了，又得妻子过去照顾。就这样，我们又再次重复之前分居的生活。"

"五一后的一天，老伴突然接到电话说，岳母生病了很严重，需要速回老家山东。可是当下又找不到临时照看孙女的人，所以只得推迟回老家的日期。可是谁也没有想到，老人就走了……"孙先生说，这件事对妻子于女士的打击特别大，她一直觉得自己不孝，连老人最后一面都没有见。

孙先生继续说道："我知道妻子心情不好，为了让她赶上葬礼，没办法，我只有带着老母亲住到儿子家，临时接下照顾二宝的任务。可是真是不干不知道，原来妻子在儿子这里没少受委屈。现在的孩子可不比我们那时候，讲究什么科学喂养。儿媳是律师，自然规矩很多。洋洋洒洒地写了一堆照顾孩子的规矩，比如几点喂奶，喂奶用哪个瓶子，喝水用哪个瓶子，还要记录孩子大便时间，等等，我经常是做了这个忘了那个。自然是要听不少的数落。我想着这不都是为了孩子嘛，我们做父母的就忍忍吧。可是即便是这样，还是不消停。为了减少矛盾，只好催着妻子回来。"

"妻子回来后，也许是过分伤心，妻子总是恍恍惚惚的，所以老做错事，有一次忘了接孩子，儿媳妇就开始抱怨，数落了妻子。我想着，这也不是什么大事，于是就劝她忍忍。可是，谁能想到，没过多久妻子就被诊断出抑郁症。现在想想，我真的对不住妻子。"孙先生叹息着，眼泪也在眼眶里打转。

在养育孩子上，儿女如果与父母发生分歧，会给老人带来消极影响。在生育二孩的问题上，儿女要与老人商量，有想法要多和老人沟通，老人的身心机能已经逐渐退化，做事情一定不如年轻人，老人如果出了点差错，儿女要多迁就，避免给老人带来伤害。

总结如下：

（1）不依赖

我们都知道养育孩子是父母的责任，不能依赖祖辈，祖辈只是来帮忙的，父母对祖辈的帮助应怀有感激之情。即使选择让老人帮忙照顾孩子，年轻父母仍然要保持心理上的不依赖，不依赖更关键是一种心态。不依赖不是说非要你自己独立养育孩子，不让父母参与，而是要保持心理上的独立，不逃避、不推脱自己应负的责任。

（2）尽早自己带孩子

妈妈要做到产假自己带、周末自己带、下班自己带。也就是说，夫妻两个人都出门工作去了，无法照看孩子，才需要老人帮忙。即使你们有家事要忙，也是和工作时段一样临时把孩子托付给老人帮忙。

建议妈妈产假期间自己带娃，几个月大的宝宝一般不会生病，不需要那么多人，这样，老人晚一点儿来不仅会少很多辛苦，而且人少对宝宝的干扰最小，宝宝容易形成自己的生活规律。

（3）保持育儿的主导地位

确立主导地位的关键，在于你要比老人更懂得怎样更好地养育孩子。

如何才能把孩子养得更好呢？秘诀就是产假期间自己带娃。经过几个月的相处，你和宝宝已经过了磨合期，建立了亲密关系，你更善于通过观察找到问题背后的关键，对如何照顾宝宝了如指掌，而老人初来乍到，他们尝试的一些办法很容易照顾不周，再看看你处理得游刃有余，自然会向你求助。

（4）尊重老人的育儿方法

老人有自己的做事方法，作为小辈，我们要懂得尊重，同时要划定边界，不要越俎代庖。这意味着，老人单独带娃的时候，老人有按自己的想法尝试的权利，你也同样不能干涉。比如，你给下属安排个工作，你事无巨细地要求，然后盯着下属确保其完全按你说的来操作，如果你的上司对你的要求也是这样，你也会不爽。同样，老人也是一样的。

（5）育儿有分歧，当着孩子面争执，结果是最糟糕的

当着孩子面争执，结果是最糟糕的。两方的规则都彻底失效，孩子可以什么规则都不遵从。没错，即使你比老人更懂得怎么育儿，即使你的办法大多比老人的办法好，你也要给老人尝试、探索、试错、改进的机会，适时地提供老人所需的帮助，这样效果才更好。

接纳老人的不足，接纳孩子暂时的缺点，也接纳自己作为父母给孩子提供的环境和资源的局限性。

友情提醒：

追生二孩，女人不能太任性

随着二孩政策的落地实施，生二孩的人逐渐多了起来。

生二孩的女性两极分化较为明显，以"80末""90后"的年轻妈妈以及"70末""80初"的高龄孕产妇为主。

高龄妈妈生二孩是多年期盼，急不可待，情理之中。有些年轻妈妈生二孩，三年抱俩，似有跟风之嫌，可用"追生"形容。其实，无论哪个年龄段的女性，生二孩都应理性对待。对于年轻的备孕妈妈，这里提醒一句，追生二孩，不能太任性。

"备孕二胎"的女性，都希望自己能有儿有女。年轻妈妈在这方面的意愿更强烈一些。在一部分人中，第一胎是女孩，再要一个男孩的希冀就像一座大山，压得她们几近窒息。还有人为此要求做"试管婴儿"。其次，生儿生女，是顺其自然的事，就是做"试管婴儿"也不能保证做到"称心如意"。这部分人群要学会放松心情，不必过于强求，否则，反而不利于受孕。

那么，生了二孩的妈妈后悔了吗？

这问题恐怕只有过来人才有发言权。下面是对一些网友的调查：如果你还在犹豫中，兴许这些二孩妈妈们的心声能够帮你做出正确的决定。

栀子妈：我家有两个男宝。两兄弟相隔2岁半，大的从小就多病，小的也跟着病，经常是上半月哥哥住院，刚出院过不了两天，弟弟又住进去了……大的已经3岁了，小的还在吃奶，经常是刚在医院照顾完大宝，又连忙赶着回去给小的喂奶，身体受不了，钱包也受不了。

可可妈：说实话后悔了，现实逼的。我有两个女儿，生完老大之后一直没想过要老二，后来鼓起勇气在35岁前生了老二。可是生完后，我们的感情越来越淡了，因为老二不是儿子……建议在家庭幸福和不担心孩子性别的状况下，再生老二吧。

小蜻蜓：我家大宝2岁，二宝10个月了，如果重来，我应该不会生二孩。当时想得太简单了，以为熬一熬就能过去，可生出来才知道，带两个孩子真的太难了！现在为了养大两个孩子，我只能辞掉工作，全天忙得都不知道自己是谁了！老公的工资勉强够一家人生活的，这还得指望着孩子们都别生病，哎，一言难尽！

快乐树丫：我可以负责任地说，二孩可以有。养一个孩子的时候和有了两个宝宝后，你的育儿想法是完全不同的，不要以为老二会抢了老大的爱，等你看到两个孩子在一起嬉戏玩闹的时候，你就知道，其实这才是"完整的爱"。

若乐妈：我大宝5岁女孩，二宝2岁男孩，不后悔要两个，以前老大受宠，太自私，现在和弟弟一起慢慢学会分享了，挺好的。

蕊蕊妈：生了两个女儿，相差6岁。老大今年10岁，特别懂事，经常会帮我照顾妹妹，出门前给妹妹穿鞋、拿水杯，在外面走路的时候会牵着妹妹的手……两个孩子相亲相爱的，看着就是一种美好，我很庆幸自己咬牙坚持过来了。

女人要知道，生二孩这件事千万别盲从，还是深思熟虑后再做决定，下面几个问题必须先仔细考虑一下：经济上允许吗？有时间带孩子吗？或者说有人帮你带孩子吗？如果大宝懂事了，会乐意多个弟弟妹妹吗？二宝不管是男宝还是女宝，家人都会欣然接受吗？你做好了再辛苦三年的准备吗？

如果以上问题出现任何一个否定的答案，建议你好好想想再决定吧。如果这些都不是问题，那么你还在犹豫什么呢？

第二课

热情VS理性：
二孩夫妻的财商课

❀❀❀❀

　　家庭对于孩子的支出"贵"在教育，且随着社会的进步，家庭对孩子的教育投入越来越大。

　　国家已全面放开二孩，但一些80后夫妻是"心动却不敢行动"。俗话说，"生儿容易，养儿难"，何况还要养两个。因此想要二孩的爸爸妈妈们除了做好心理上的准备外，更需在物质基础上未雨绸缪，学习一定的财商知识。

夫妻理财第一步：设定共同的目标

时下，很多年轻的小两口在婚前就很努力打拼，积极凭借自己的实力去提升薪酬，等到结婚的时候夫妻双方都有着不错的薪资。但一结婚，夫妻还是要面临许多问题，如买房买车、生育宝宝等，这些都需要合理有效的支配所得才能有条不紊地解决。

刚步入婚姻殿堂的两人，无论是生活习惯还是消费观念都需要进行一段时间的磨合，小家庭尚且处于形成期。面对今后的各种计划，夫妻双方的主要任务是积累家庭财富，为以后家庭的支出做准备。夫妻两个人都拥有自己的工作，自己的收入，结婚前，自己的工资自己支配，想怎么花都随着自己的性子，但结婚后，两个人的钱就变成婚后共同财产了，除了应付家庭的共同开支，养老、育儿等一系列问题都提上了日程。两个人就要好好协商一下，这个财产怎么打理。

马静怡和先生一直都是在同类别IT公司工作，受过很多相似的培训。虽然"工种"不同，但长期的工作使得他们有着近似的思考方式。

在马静怡看来，俩人拥有相似的价值观和奋斗目标是婚姻幸福的重要保障。"门当户对"和"志同道合"远比请吃饭、送礼物和娱乐、玩要要重要得多，因为俩人志趣相投是可遇而不可求的。他们的经验是：

婚前理智一些，婚后矛盾就少一些，这样浪漫才会多一些。

他们对奋斗目标的确立，其实也有着一个不断完善、摸索和改进的过程。

对于马静怡来说，目标生活就是快乐单身生活的叠加和延续，外加一点家庭的内容。对于先生来说，享乐的内容不多，谈得更多的是如何达到目标，他计划得很细，甚至包括了达成时间，这说明他是一个很有责任感的实干分子，而马静怡则是一个务虚的享乐分子。在他们看来，家庭幸福包括：有房有车、长辈健康长寿、孩子聪明健康、夫妻和谐幸福。此外因为他们都爱好旅游，所以他们对于旅行也有共同的目标。他们认为在达成财务方面的目标后，就要丰富家庭的生活——进行自助旅行。

基于对目标有着共同的认识，他们对目标进行了修订，在"该做的""想做的"和"能做的"事情基础上形成了一个交集，形成了最终的奋斗目标：兼顾工作和生活；孩子健康聪明；每年保证一次国外自由行，一次国内自由行。

目标明晰后，他们很快采取了行动：两年之内在工作单位附近买了房子；有了一个儿子；去了黄山、婺源和三亚，又去了美国和澳大利亚。春寒料峭中他们自驾在游人稀少的塔斯马尼亚岛，大雨中闻着摇篮山泥土的芬芳；烟雨朦朦中骑着租来的摩托车穿行在婺源水墨画般的乡间；在大堡礁和百福湾深潜，和鱼群畅游；黄昏时从波士顿返回纽约，曼哈顿灯光亮起，那璀璨的夜景震慑人心；以后他们又自驾在意大利托斯卡纳乡间，流连在迷人的历史小镇，享受美食美酒美景；在希腊小岛上看爱琴海日落……那一刻他们感觉真是神仙眷侣！

当然，生活不是随目标按部就班进行的，必然有很多意外发生。如果都是按部就班，那就像旅游团一样刻板无趣了。生活就像自助旅行，有计划更有意外，有惊喜也有阻碍。

因为认定该什么时候就干什么事，有了第二个孩子后，生产前一天还在努力工作的马静怡辞职做了全职妈妈，鉴于两个人不同的才能，由先生全面负责理财和投资，马静怡全面负责消费和记账。马静怡辞职后，更是全面交出了"挣钱大权"。

我们做事情的时候，要制订一个人生目标，然后开始努力打拼向目标靠近。理财也一样，夫妻共同理财，需要先达成一个共同的目标，否则，一个想及时行乐，今朝有酒今朝醉；一个想细水长流，看财富积少成多。如果不能达成共同的目标，夫妻两人难免因财务问题而伤了和气。

结婚不是儿戏，在此之前，双方应该对彼此有充分的了解和磨合，包括经济和理财状况。做一个"财务体检"，说不定就能够避免理财中不应有的失误，让家庭更加和谐。

那么"财务体检"该如何展开呢？

首先，要确定彼此共同的理财认知。

世界上不存在完全相同的两片树叶，与树叶相比，人的复杂性更高，自然也不存在理财观念完全相同的两个人。结婚前，在交流感情之余，双方不妨交流一下各自的财产状况。这种交流并不会影响你俩的感情，反而会因这种交心的交流使你们更加深入地了解对方，让你们的感情更加牢固。此外，这种交流还能在一定程度上解决你的困惑，可能你会感到困惑的理财问题，对方却能提出恰当的建议。

其次，要建立长期的理财目标。

结婚前，双方还未进入婚姻生活，但正是因为这样，才要制订目标。只有制订共同的理财目标，双方才能在目标的敦促下，互相监督，携手同行，让自己的家庭更加和谐幸福。在制订理财目标时，要注意不仅要考虑双方的未来生活，还要将双方父母以及未来的孩子的生活都要考虑在内。

再次，要做好转换理财角色的准备。

结婚前，单身生活的支出相对比较自由，理财方式大多较为粗放，或完全没有形成良好的理财习惯。但如果你已经做好结婚的心理准备，那么，请也做好转换理财角色的准备吧！从婚前的"由我做主"到婚后的"有你有我"，理财应该是寻求婚姻生活和谐的重要一课。

❀❀❀❀❀❀❀

细节给力，理财得意

细节一：勤俭持家，强制储蓄

年轻人通常不会拟订一个合理的消费计划，通常会因消费无度而成为"月光族"，如此一来自然存不下钱。针对这种情况，夫妻俩可以制订一个共同的规定，将每月的花费节余控制在一定范围内，然后定期进行储蓄。

细节二：节余投资，增加财富

仅仅靠"省吃俭用"并不能实现财务自由，因此拿出一部分收入供投资，建立一个相对稳健的投资组合，还是必要且可行的。夫妻二人要充分了解投资市场的行情，制订适合自己的理财方案，在保证收益的同时，不要冒进贪图过高的收益，做好资产安全的分析，保障自己的资金安全。与此同时，要做好家庭的安全保障，留存一部分钱保障家庭成员的安全，防止意外事件给家庭带来不必要的伤害。

细节三：制订适当的人生规划

要进行适当的人生规划才能让生活变得好起来。对于不同的夫妻而言，对未来的打算与规划自然是各不相同。但在结婚之初就为自己订下一个在近几年内需要达到的目标是非常有必要的。为了实现这个目标，夫妻二人需要互相勉励。

两人结婚后，要对家庭的资产进行科学规划，学习理财知识，及时做好家庭的理财计划，并要根据实际情况不断调整计划，认真执行计划。夫妻双方要明确双方对于家庭资产的权利以及对家庭的义务，要懂得开源节流，所谓"开源"是要夫妻二人制订严谨的理财投资方案，在保证资产不贬值的情况下，获得一定的收益，同时谋求职业转型，提高自己的薪资收入；"节流"是要求二人要勤俭持家，对家庭支出要做好规划和核算，不要做"月光族"。

迈入人生的新阶段，曾经独立的两个人，不同的消费观、价值观结合在一起可能会产生不合，但是要坚信，只要有有效的沟通、合理的理财，爱情就不会被细节所打败！

❀✿❀✿❀✿❀✿

夫妻理财如何求同存异

爱情可以让相爱的男女走在一起，共同组建家庭，却不能保证他们对金钱和财富态度的一致。当你和你的爱人在金钱问题上出现分歧时，该如何去解决？

"男主外，女主内"是最常见的一种家庭经济管理模式，不过在现代家庭中，这样的管理方式似乎已经越来越站不住脚了。女性的经济地位显著上升，她们不仅能够在工作中独当一面，收入上也毫不逊色于自己的爱人。此外，"打理家财"的重要性为越来越多的家庭所接受和认可，理财不仅是简单的存钱、花钱，还需要通过特定的投资计划让资产更加丰裕，以实现未来的人生目标。

由于性格、知识结构、经历的不同，每个人对于如何打理财富、如何进行投资都有着自己的判断，即使对于生活在同一屋檐下的夫妻双方来说，也是如此。于是，在很多家庭中，由于夫妻双方对于理财态度的不一致，而导致的争吵、矛盾、甚至冲突也并不少见。

陈依宁正在为夫妻二人理财观点不同的问题而头痛不已。在别人的眼中，陈依宁一家的日子过得相当不错。年届三十的他刚刚升为一家外企的技术部经理，比他小一岁的妻子是一家律师事务所的职员，2岁的女儿活泼可爱。每个月接近2万元的家庭收入，足以保障这个年轻的三口之家的生活，而每月丰厚的结余也让他们的储蓄账户已经有了近30万元的积累。

"一部分是受家庭的影响，一部分是性格的原因"，陈依宁说。小时候陈依宁的家境并不富裕，因此即使现在收入不菲，他依然保持着节俭的习惯。在他看来，低风险的投资产品是保有财富的最佳途径，虽然利息少一些，但他认为比较稳当。

但对此妻子却毫不认同。她觉得应该趁年轻，多多享受生活。而丈夫保守的理财方式，也让妻子颇有微词。为此，两人没少争吵。但随着两人沟通的逐渐深入，陈依宁也逐渐意识到自己的理财方式应该变一变了，但是如何去改变，又成为夫妻两人争论的新焦点。

很多伴侣都会在对待花钱的态度、投资的风格上出现较大的争议。当这些问题出现时，我们该如何去解决？

确立共同的目标是关键

找到一个双方都共同认可的目标是解决问题的关键。很多家庭对于未来的财务目标，并没有形成准确的共识。就以陈依宁和他的妻子为例，偏向保守的陈依宁希望通过节制消费和低风险的理财来保有财富；他的妻子则希望享受生活，同时追求高收益的投资回报。但是无论采用什么样的投资方式，最终希望实现的目标是什么，他们并没有明确的认识。

缺乏明确的财务目标，往往是导致伴侣们出现分歧的重要原因。比如夫妻中的一方对消费缺乏节制，简单的指责并不能从根本上解决问题，可是一旦他们认识到消费的增加所带来的积蓄减少，将直接影响到未来某一个目标的实现时，他们就很容易与另外一半达成共识，自觉地减少消费的支出。

因此我们建议，夫妻两人在遇到理财上的分歧时，与其各执一词、各行其道，不如静下心来好好地讨论一下不同时期内的财务目标。一种可行的方式是，把夫妻双方希望实现的目标写在纸上，并通过讨论进行筛选，哪些是首要的目标，哪些是次要的目标，哪些是可有可无的目标，从而达到共识。

同时，共同的目标并不是"空中楼阁"，需要夫妻二人通过一定的规划来实现。经过讨论，陈依宁和妻子达成共识，为2岁的宝宝筹划一笔教育金和共同建立养老账户是他们现在努力的目标。进而，他们还可以在此基础上，大致计算出这两个账户未来需要多大的资金储备，以月作为积累单位的话，每个月大致需要的储蓄额是多少。有了一个明确而具体的目标，双方之间由于金钱观不同，引起的互相指责和纷争就会大大减少。

夫妻也可"分开理财"

即便达成共识，对方的一些习惯和投资方式还是让你抓狂？在达成共同目标的前提下，不妨试一试分开理财。

说到分开理财，人们或许会联想到流行的夫妻AA制理财。不过，夫妻之间本没有绝对的AA制。截然独立的账户管理模式，互不沟通的结果往往使实际理财计划过于保守，或是过于激进，从而给家庭理财带来隐忧。

所以，与绝对的AA制所不同，"分开理财"也要遵循一定的原则。

一是，建立一个公共的账户，用于进行家庭的共同开销和积累。比如去应对日常的生活费用、进行按揭还款等等。

二是，在这样的基础上，伴侣们则可以拥有自己的财务账户。类似于个人的生活费用，包括衣物服饰、美容美发、娱乐等等都可以在这个自有账户内支出。在保留伴侣们相互的自主权的同时，这样的设计可以有效地避免因为日常消费而引起的纷争。

三是，如果夫妻双方对于投资的偏好和风险承受能力也有较大的分歧，投资账户也可以按照上述的方式分开进行。其中，伴侣可以建立一个家庭的共同投资账户，投资对象可以选择一些风险适中、广泛分散的投资产品。这样的设计可以避免由于账户独立带来的风险一边倒的局面。

求同存异的投资账户设置，既保障了家庭投资的"航线"不会偏离既定的方向，又给予了双方一定的投资支配权，满足了他们各自的投资"理想"。

当然，在此过程中，定期举行一些家庭财务的讨论也是非常有必要的。特别是家庭面临大额的消费开支，或是家庭的外部条件出现变化的时候，会对家庭的财务产生一定的影响，这个时候未雨绸缪，及时地进行一些调整是非常有必要的。定期的家庭财务讨论，保证了伴侣间的有效沟通，也可以在一定程度上避免争执和矛盾的产生。

哪种模式适合你

共同管理家庭财富的过程中，很多家庭都墨守这样的一个陈规，那就是"能者多劳"，让有能力的人来负责他所擅长的分工。比如有的人比较细心谨慎，就由他来负责生活日常支出的管理；有的人思维活跃，投资的工作就由他来打理。在社会分工中，按照个人的能力来决定他的职能，的确能够起到提高工作效率的作用，可是在家庭财务管理中就未必如此了。

过于明确的分工，往往会让其中的一方视野过于局限，无法去理解对方在执行中的难度，在对方出现问题的时候，很容易引起指责和争执。

中国有句老话叫作：不当家，不知柴米贵。说的不就是这个道理吗？因此，在家庭财务的管理过程中，夫妻双方所负责的职能可以定期地进行轮换，双方可以从这种轮换中进行换位思考，体会到不同的理财环节中，像消费和投资中需要考虑的因素、需要应对的困难。这样不仅可以增进理解，也更加容易实现共同的目标。同时，这种职能的轮换，也可以使夫妻一方中遭遇意外情况，如生病、事故的时候，另外一方可以游刃有余，从容应对危机。

家用分摊从早期"先生赚钱、太太管钱"的单一模式，迄今衍生出至少6种模式，但是理财专家普遍表示，没有一种模式可以称为"最佳模式"，因为各有优缺点，适合于不同的家庭；有的家庭还会因时制宜，不同阶段采取不同的家用分摊模式。

模式1 一人全权支配

薪水交由一个人，由他全权支配所有家用，这种方式适合互信基础够的夫妻。拿到财政大权的配偶，不仅要有理财能力，更要有无私的精神，不能将全部动产、不动产都登记在自己名下，因为一旦让另一方有"做牛做马"的不好感受，夫妻关系就很难长期维系。

模式2 高薪者提供部分家用

例如先生只给固定家用，不够的部分才由太太的薪水贴补，这种方式比较适合日常开销稳定的家庭。反之，如果太太需要贴补的缺口经常很大，而只给固定家用的先生却有很多余钱来"善待自己"，诸如大手笔添购个人奢侈品的话，太太当然就要不高兴了。

模式3　高薪者负责所有家用

譬如高薪的先生负责扛下所有家用，太太赚的薪水可以完全用在自己身上，适用在所得相差很悬殊的家庭。但是要注意的是，如果开销庞大又没有预先做好保障规划，家庭财务其实潜藏很大的风险。

模式4　设立公共家用账户

由夫妻成立共同账户来支应共同开销，乍看是最符合公平原则，但争执也最多，问题出在"共同开销"的定义。例如太太想在客厅添购一盏欧式古董灯，理由是既美化家中气氛，又能当成收藏资产，应该属于家庭共同开销，但先生却认为这只是太太个人喜好，反对由共同账户支出，类似争执就会经常不断。

模式5　各自负担特定家用

由夫妻各自负责特定开销，譬如先生承担贷款，太太负责一般家用。如果夫妻所得相近，各自负责开销的金额也相差不大，就能相安无事；但是若某一方支出的金额浮动很大，或是一方负担金额持续下降、另一方负担始终居高不下的话，夫妻间仍然会时起龃龉。

模式6　各自负责理财目标

譬如由先生负责平日开销，太太的薪水专做退休金准备，也就是先生负责达成短中期理财目标，太太负责长期理财目标，夫妻协力、专款专用，这种方式可让家用争执降到最低，但是双方都要有一定的理财能力，才不至于两头落空。

节俭做储备，会挣钱还要会攒钱

俗话说："花钱容易赚钱难。"大部分年轻人不讲究节俭，同时，青年家庭的经济基础一般都比较薄弱，激情消费常会使人花费一些没必要的钱。

夫妻要排除这些的诱惑，除去日常的生活开支，将双方的结余资金进行储蓄或投资，通过精心运作，使家庭资金达到满意的收益。小夫妻们要更好地理财可以先从以下几方面努力：

小夫妻理财之"三步走"

第一步 认识自己

您的家庭财务具有怎样的特点？收入倚重于谁吗？工作稳定吗？将来要完成哪些梦想？试着想一想，您的位置、您的需求。

第二步 储蓄计划

从头开始的新人们可以没有计划，但是一定要有储蓄。如果要让储蓄有意义，您一定要有计划。储蓄是一场毅力和技巧的战役。

拼毅力。新婚家庭有许多支出的理由，但是要分清楚什么是借口，什么是目的。记账是一个古老而卓越的方式。可以自制账本或者购买相关理财软件，记账的关键是分类合理。

拼技巧。储蓄方式根据流动性和收益率的需求可分多种，新人权衡资金占用时间和预期收益后可以做出选择。

第三步　建立投资渠道

工资是有限的，而利息可以永续，投资渠道越早建立越好，新婚是开始的好时机。机会可能来自于证券投资、副业收入或者银行产品，找到适合自己的渠道需要自己去摸索研究。

除了这三个步骤，青年夫妇最好的理财良方就是树立健康的投资心态，在理财过程中坚持一定的原则。

小夫妻理财之"三原则"

走出银行"围城"原则

许多人认为理财就是储蓄，有了闲钱往银行里一放就万事大吉。理财的要义在于可承受风险下的家庭资产增值最大化。如果说，过去只有储蓄一条路可走的话，现在投资品种已经丰富多了。一旦走出银行的"围城"，你会发现理财的天空是多么的宽广。

适当花明天的钱原则

花明天的钱也是一种强制理财的方法，对"月光一族"特别适用。还贷的大山压在头顶上，能使自控能力差的夫妇改变大手大脚花钱的毛病。当然贷款按揭也要量力而行，以不影响家庭生活为限。

控制风险但不排斥风险原则

有些人对风险有一种本能的厌恶，认为存银行最保险。风险不可怕，可怕的是意识不到风险。理财风险是可以控制的，控制理财风险的方法一是请财务策划师指导，或直接请专家理财；二是通过评估风险和收益率的比值来规避风险；三是依据金融产品的风险度，在多个投资领域里实行分散投资；四是不用借来的钱进行高风险投资。

仅有原则是不够的，青年夫妇要做好理财还要掌握一定的理财专业知识和策略，提高自己的智商、情商、以及挫折商，使自己成为理财的行家里手。

小夫妻理财之 "3Q"

专家指出，夫妻理财如果要 "顺风顺水"，就必须重视提高 "3Q"，即IQ（智商）、EQ（情商）、AQ（挫折商）。

投资IQ：提高理财的智商

"3Q" 中首重 "IQ"。一般来说，在投资理财方面，IQ的高低几乎与理财的盈亏成正比。若夫妻对理财知识有了充分的了解与钻研，就不会轻易陷入理财的盲点，而且，在面对市场上那些琳琅满目的金融商品时，也不容易掉进陷阱里。

但投资IQ对众多夫妻而言，如今依然是一个较新的概念，不少夫妻对其仍是一知半解，以致在理财时往往 "事倍功半"。对此，理财专家向夫妻们提出了能提高投资IQ的两项建议：

学习理财知识

美国麻省理工学院经济学家莱斯特·梭罗说："懂得运用知识的人最富有。"因此，不论夫妻理财是否交给专家，都建议你要懂得足够多的理财知识，因为这些专业知识能使你避开一些理财陷阱，以免自己辛苦挣来的钱化为泡沫。

其实学习理财知识一点都不难，只要你注重培养这方面的兴趣，多浏览相关的理财信息、多接触理财人士并大胆地和他们探讨理财的相关问题，时间一长，你自然就会获益多多。

不妨引入会计原理

如何反映家庭资产现状和家政管理的业绩？最好的办法莫过于在资

产统计的基础上，编制"家庭资产负债表"。该表可繁可简，但大致应由三个部分组成：资产、负债、资产净值。

为便于比较，资产负债表应每年编一次，编表口径要保持一致。另外，编制前要做一些准备工作，如核对账目，财产计价，盘点存单、证书等。通过编制资产负债表，你可摸清家底，对现有资产及负债结构状况一目了然。

投资EQ：加强情绪管理能力

第二个Q就是"EQ"，也可说是情绪管理能力。实际上，有许多夫妻都是因为理财EQ不够高而磕磕碰碰的。其实，千金难买早知道，放马后炮反而会导致夫妻感情破裂。所以，为了加强投资EQ，夫妻们有必要注意以下两个方面：

自我控制

大家都知道，在投资场上失败是在所难免的。夫妻本是同林鸟，无论夫妻哪一方在投资上遇险，彼此都要有足够的自我控制能力，尤其是在控制情绪方面，越是遇上这样的事情就越要控制好。当然，妻子通常应被疼爱多一点。事实证明，投资EQ是减少争执、促进夫妻感情的重要方法。

加强沟通

其实，夫妻之间的沟通非常重要。既然双方共同组建了小家庭，一起承担家庭的理财事务，那么沟通当然是非常必要的。只有让彼此知道问题的症结所在，才能寻求正确的解决方法。不管怎样，不要让金钱伤害彼此间的感情。否则，就得不偿失了。

投资AQ：应付挫折的能力

投资的最后一项技能是"AQ"，也即应付挫折的能力。不管是干事业还是夫妻投资理财，都难免会遇上起伏。此时，除了投资IQ、EQ之外，如果能充实自己的专业知识，并投资AQ，那么就能为夫妻理财打下良好基础。

从事理性投资

简言之，"理性的投资"就是"投资人了解所欲投资标的内涵与其合理报酬后所进行的投资行为"。之所以要强调理性投资，是因为若投资不当则很可能会导致负债的严重后果。所以理性而又正确的投资，不但可将"收入"大于"支出"的差距扩大，还能使你的财务真正独立。

定期检视成果

不论做任何事，学管理的人都很讲究整个事件过程的控制。因为经由这些控制，才可确定事情的发展是不是朝着既定的目标前进。

每个家庭的经济状况不同，理财的方法也会有所不同。但是有一点是相同的，成家后，理财自然就成为夫妻双方间的共同责任。只有夫妻共同努力，才能把家庭的收入和支出合理地管理好，从而不断提高生活品质和规避风险以保障自己和家庭经济生活的安全和稳定。

❀❀❀❀❀❀❀

应对家庭支出增多的办法

家庭综合理财既要做基础又要建大厦，只有这样我们才能"任凭风浪起，稳坐钓鱼台"，才能真正地获取家庭最大财富自由，为家人、孩子走向快乐轻松的生活之路奠定基础。下面，我们来学一些应对家庭支出增多的办法。

谋划职场转身

有意生二宝的爸爸妈妈一般正处在职场上升的黄金期。生了二宝后，夫妻两人必须对事业与家庭、收入和家务之间的矛盾关系好好商量商量。因为养育两个孩子势必要求更高的收入，同时照顾两个孩子势必要求更多的时间和精力，"鱼与熊掌"往往不可兼得。

对此，一般的家庭有两种策略，一种策略是，在丈夫收入高而妻子收入低的情况下，妻子放弃职场，全力照顾孩子，这意味着家庭经济重担全搁在丈夫肩上，丈夫务必要对自己的职场生涯规划进行适当调整，是选择跳槽？转行？还是进一步培训充电以增加升职砝码？又或者开辟副业兼职？需要丈夫好好思量。同时如果妻子尚有余力，也可以在家做些简单的兼职补贴家用。

另一种情况是，妻子收入不低或不愿放弃自己事业，则意味着需要双方老人帮忙照顾孩子或聘请专业育儿保姆。这种情况下，意味着家庭支出的进一步上升，夫妻双方都要好好谋划自己的职场生涯。

适当缩减娱乐开支

如今很多年轻的爸爸妈妈崇尚消费主义，注重生活品质并喜欢享受，有时在消费行动上比较冲动，为养育两个孩子，开源的同时也要考虑适当节流。最好家庭娱乐性支出不要超过总收入的20%，家庭总支出不要超过总收入的50%，省下的钱用来储蓄或理财。比如平时习惯在外面吃饭的可以多在家做饭菜，平时喜欢看电影的可以多在网上看看视频，平时希望逛商场购物的可以多在网上淘宝。尤其是在两个孩子的养育过程中，如果资金实在紧张，则可以适当削减不必要的教育性支出，在选择补习班时，父母也要有的放矢，要结合孩子的兴趣和特长，关注教学的质量而不是价格；如果大宝上过的确效果好的，还可让二宝参加。

应急准备金比例要提高

对于一般工薪家庭来说，将家庭3~6个月的月支出作为应急准备金，以应对平常家人的小病小灾等意外支出。但针对两个孩子的家庭，应将应急准备金增加至6~12个月的月支出，提高整体资金的流动性。 如果考虑到第二个宝宝出生后可能会出现的各种意外支出（如出现较严重的先天性疾病或遭遇意外事故），最好申请1~2张额度较大的信用卡，以备不时之需。

"顶梁柱"的保障要跟上

生了二宝后，意味着父母养育子女的经济负担和责任进一步提高了，如果父母中的任何一方不幸出现重大疾病或发生意外，都意味着子女未来的成长和教育将不可避免地遭遇巨大风险。因此，二宝家庭务必要重新审视一下家庭保障是否充足。尤其是有些家庭在生二宝后母亲不得不辞职做全职太太，这意味着父亲成了家庭经济唯一的"顶梁柱"，对父亲的保障务必要进一步提高。

同步准备两份教育金

由于中国家长普遍有望子成龙的强烈愿望，不愿孩子输在起跑线上，因此在养育孩子的各项支出中，教育支出所占比率越来越大，且随着年龄增长，绝对金额也会不断增长。有了两个孩子后，意味着教育支出也将翻倍。在准备教育金的问题上，父母应该对两个孩子一视同仁，不应该在教育投入上厚此薄彼。因此最好以不同的账户给两个孩子各准备一份准备金，专款专用，避免今后出现为确保大宝而牺牲二宝或确保二宝而牺牲大宝的教育机会的情况，也有助于从小培养孩子正确的理财观。

❀✿❀✿❀✿❀

第三课

大宝不适症
——"我失宠了！"

❄❋❄❋

　　试想有一天你发觉你最爱的人，不再像从前那样花时间和你相处，而把注意力转移到另外一个人身上，你会是什么感觉呢？应该会感到疑惧、嫉妒、被冷落吧，这正是那些"失宠"孩子的心情写照。

　　那么，这时你会希望你所爱的人怎么做来消除你心里头的这些不安呢？而作为妈妈的你又该如何安抚宝宝的心情呢？

大宝为什么不喜欢新弟弟妹妹？

　　心理学家曾做过儿童如何接纳家中新生儿的研究，发现在新生儿出生后，母亲投入在哥哥姐姐身上的感情和注意力的确会减少。

　　对于这种"失宠"的感觉，年纪较小的孩子还无法用语言来表达，因而便会展现在行为上。例如他们可能会变得爱发脾气、不讲道理、时常哭闹或爱黏妈妈。有些孩子则会出现"退行"的现象，也就是恢复到小时候的模样，例如他原本已经不尿床了，如今却又开始尿床，或者又开始要求用奶瓶来喝奶。其次，孩子也可能会为了吸引大人的注意力，而出现一些问题行为，例如故意捣蛋，或趁父母不注意时，偷偷地欺负弟弟妹妹。

　　其实，爸妈若能了解孩子行为背后的原因，就会知道这些行为只是过渡现象，并没有什么需要担心的。然而，在处理这些问题时，与其处罚或制止孩子的行为，不如回到问题的源头——处理孩子的不安及失落的情绪。

　　在《小小大姊姊》这本书里，生动地描述了手足间的爱恨情结，小姐姐因为嫉妒弟弟抢走了父母的关爱，有一天突然有个想法，她跑去跟妈妈说："小弟弟已经死了，再也不会回来了。"然而，妈妈听了小姐姐的话，却是出人意料的安静，她没有立刻跑去看小弟弟，却紧紧地把小姐姐抱在怀里。因为妈妈懂得小姐姐的心理，这正是小姐姐想要的，她需要确定妈妈还是爱她的，她也同样需要有跟父母单独相处的时光。

虽然家庭新成员的到来，是大部分学龄前孩子都会面临的压力事件，而且慢慢地，孩子也都能适应这些随之而来的改变，一开始的问题行为也逐渐消失了。只是，在这个过程中，有些孩子的不安会表现得比较明显，有些则比较温和。作为父母，对待这种竞争最关键的，就是识破大孩子的伎俩，用行动让他知道自己还是被爱着的。

湖北武汉的肖女士怀上二宝，却遭到13岁女儿的百般反对。在女儿相继以逃学、出走、跳楼、割腕相威逼后，肖女士不得不含泪去医院终止了妊娠。另一起引发关注的类似事件是，网友"滴答"为生二宝，向女儿写保证书：永远第一喜欢我家大宝，这才过了女儿这一关。

因母亲怀上"二宝"，家里的老大就使出浑身解数阻挠的事件媒体时有报道。生活中，怀"二宝"的母亲遭遇家里现有的独生子女相逼的情况也不少见。

为什么孩子会想方设法阻止母亲再生个小孩，究其原因，主要有以下几种：

孩子感到不安全

客体关系理论认为，在母婴早期互动中，母亲的缺位、忽视、缺乏耐心等，会让婴儿体验到拒绝，感到不安全，这种体验在一些孩子的内心显得特别强烈，并潜伏下来。在孩子的成长过程中，类似的事件可以激活这种体验。家庭养育中的不安全性因素，如孩子被疏远与忽视、基本物质需要未得到满足、不断变换养育者、父母性情暴戾等，均容易激活早期的不安全体验，强化内心的脆弱与敏感。对于敏感的孩子而言，母亲生二孩颇具威胁性，可激活早年的不安全感，使他们担心失去父母之爱而极力抗争。

社会心理发展滞后

家长心理边界不清，将内心的不安全感投射到孩子身上，无原则地迁就、宠爱孩子，容易使孩子形成不愿与人分享、以自我为中心的个性特征。与此同时，家长还因为害怕孩子受欺侮，害怕孩子发生意外，就不让孩子出去与小朋友玩耍，不让孩子单独行动等，这也会致使孩子交往范围狭窄，没有同龄朋友，与人相处存在畏惧感。在这样的养育方式下，孩子的社会心理发展受限，喜欢黏着父母，太过依恋父母，不愿与人分享父母之爱。

孩子感到受伤害

有的父母重男轻女，有意或无意中流露出想生男孩的念头，忽视女儿的感受，伤了女儿的自尊，从而激起女儿的攻击本能。青春期的孩子身心发展不平衡，自我意识较强，容易产生叛逆、反抗的情绪。

自然，并不是所有的大宝都不爱弟弟妹妹的，也有一些喜欢弟弟妹妹的小孩觉得：自己终于不用这么孤独，可以有弟弟或妹妹陪自己一起玩。但更多的小孩觉得：如果多了一个人，爸爸妈妈的爱是不是都要减半，他们是不是会更喜欢弟弟妹妹，不喜欢我？

面对同样的事情，孩子的反应为何如此不同？

首先，家庭的养育方式与小孩的个性有着密切关系。若父母从小对孩子非常宠爱，任何事都对他百依百顺，则容易使孩子养成以自我为中心的性格——任何人都应迁就他，周围的人或事稍有不顺心，就会发脾气、哭闹。这一类型的小孩，几乎都无法接受二孩的出现，若父母对他的反抗不加理会，则有可能会导致更严重的后果。

其次，父母的态度同样会影响孩子的决定。孩子年龄虽小，但对父母态度的改变却是非常敏感。

若父母在二宝出生前便已表现出非常期待、兴奋的表情，同时把更多的注意力、关心都放在二宝身上，不知不觉忽略了大宝的感受，减少了对大孩的关爱。在这种情况下，大宝就会非常敏感，即使二宝出生了，大宝也会对他产生敌对情绪，甚至做出攻击性行为。

最后，不同年龄段的孩子，表现也会有所不同。如学龄的儿童，可能会性格突变，容易发脾气，甚至在幼儿园出现攻击行为，或变得十分依恋父母；而十岁以上或青春期的孩子，可能会恐吓父母，在心理方面，他们会缺乏安全感，容易出现焦虑情绪，且竞争意识会增强。

专家建议

第一，如果父母打算要二宝，最好选在大宝学龄前，这一时期的大孩较容易接受二宝。

第二，父母对孩子要有无条件的爱护和尊重，一旦打算生二宝，应给大宝一个心理适应期，尤其是青春期的孩子。一旦提出要二宝后，应该时刻关注自己对大宝的声音、眼神，及时给予他无条件的温暖和安全，这对孩子在未来建立安全感，以及拥有强大的内心有着积极的影响。

　　第三，父母可引导大宝——"你讨厌弟弟，是不是因为不适应家里多了一个人?""你不喜欢妹妹，是担心父母会分掉一部分爱给妹妹吗?"借此让孩子表达出内心真正的想法，若不将负面情绪释放出来，长期压抑在心中，有可能导致更严重的后果。此外，这样做也能让父母对大宝有更多的了解，有利于亲子关系的培养。

❈❈❈❈❈❈❈

如何读懂大宝的"心"？

当妈妈准备要第二个宝贝的时候，家里的"老大"极有可能会出现"异常"行为。作为父母，不仅要注意到大宝的"异常"行为，更应该看懂大宝这些行为背后的心理活动。不要因为觉得孩子小，就认为只是"不懂事"而已，过几天就会"好的"，而不放在心上。

退行行为

所谓退行行为，就是已经渐渐长大的大宝突然变得和"小时候"一样：本来已经可以独立做的事情，却要父母帮忙做；本来已经能够熟练掌握的生活技能却"不会了"。比如，明明已经会独立上厕所，却故意在卧室大小便；已经会自己穿衣服，却非要父母帮忙不可；已经会独立吃饭，却要父母喂饭，等等。

攻击性言行

当得知家中准备要或者已经有了第二个孩子的时候，大宝也许会出现一些攻击性的语言或行为。比如，会说"我讨厌妈妈""我讨厌弟弟（妹妹）"；发脾气摔东西；公然或者是偷偷地打二宝……

黏人行为

大宝会突然变得很黏人，比如经常会说"妈妈，你来一下""爸爸，陪我玩一会儿"。尤其是当父母在照顾二宝时，大宝总是会想方设法地"故意打扰"父母。

讨好行为

大宝一反常态，过于乖巧，表现出与自己年龄不相符的"明事理"，故意讨好父母。这种异常的讨好行为，可能会被父母误认为是孩子"长大了""懂事了"，因而是最难被发现的。但事实上，这也是大宝出现心理问题的一种表现，应该引起父母的足够重视。

曾有个例子：二宝出生之后，大宝特别"乖"（反常行为），但是家长觉得"乖"挺好，也许是因为有了妹妹就突然"长大了"，没有多加重视。结果，后来这个孩子变得越来越不爱说话，以致最后不能跟人正常交流。

心理学用"同胞竞争"来表示同胞兄弟姐妹之间相处的微妙关系。当家里出现了两个或两个以上的孩子之后，他们之间必然会出现比较和竞争。有人认为新生命的降生是一种压力，是儿童期的一种重大创伤经历，越是安全感不足的孩子越容易担心父母的爱被瓜分。具体而言，有以下几个原因：

不会分享

"二孩"政策出台之前，绝大多数家庭都是只有一个宝贝。孩子一生下来就成为全家人的"太阳"，习惯了所有人围着自己转，缺少分享的习惯和能力，因此不知道如何与二宝相处。

被抛弃感与失宠感

人的精力都是有限的。二宝一旦来临，家里人会把更多的精力放到二宝身上，因此不可避免地会减少对大宝的关心。大宝就会有种被抛弃的感觉，同时也会觉得是弟弟或者妹妹抢走了父母的爱。

希望引起注意

当面对"失宠"或"被抛弃"时，年纪本就不大的大宝，不知道如何用语言表达，就会用各种反常的行为来引起父母的注意，重新获得父母的爱。

既然已经读懂了大宝的"心"，那么作为父母，应该如何帮助大宝做好心理建设呢？

建立两个孩子之间的情感联系

在怀孕前，父母应征求大宝的意见，并告诉大宝，父母要送给他一份最珍贵的礼物——二宝的陪伴；怀孕中，要与大宝一起分享二宝成长的喜悦，可以让大宝感受胎动，抚摸妈妈的肚子，让大宝和父母一起期待二宝的到来；二宝出生后，可以让大宝适当地参与到照顾二宝的过程中，增加大宝与二宝的互动，让大宝感受到爱和温暖，从而建立同胞间的情感联系，培养同胞间的感情。

要倾听大宝的心声

二宝出生后，作为父母一定要多留意大宝的行为变化，一定要倾听大宝表达对于二宝出生后家庭变化的感受，要让大宝感受到父母是同样爱他、关心他的。同时要鼓励、引导大宝正确表达自己的情绪，让大宝学会用语言或是画画表达自己的情感,如可以画出自己的负面情绪,也可以用玩偶或是角色扮演的方式表达自己的不满,找到宣泄负面情绪的正确通道。

尽量做到公平

父母在日常生活中应尽量做到公平地对待两个孩子,比如当有亲友送给刚出生的二宝礼物时,不要忘了也给大宝一个礼物(可以提前准备一些"礼物");当两个孩子发生冲突时,千万不要以大宝年纪较大为由,就不分缘由地让大宝让着二宝,更不能当着二宝的面责骂大宝(这样不仅会造成大宝的不满,也会滋长二宝逞强的性格);不要总是拿两个孩子做比较,应该尊重每个孩子的个性,"姐姐比妹妹懂事"或"弟弟多乖"等话尽量少说或不说。

注意亲子交流

父母在二宝出生后,一定不要忽略大宝的感受,尽量让自己的情感保持平衡。比如给二宝喂奶时,可以把大宝也搂过来;妈妈忙着照顾二宝时,爸爸可以多陪陪大宝;当大宝和二宝发生冲突时,也要记得安抚一下大宝的情绪,而不是一味指责;二宝出生后,父母也要留出与大宝的亲子时间。

让孩子们单独相处

当孩子们稍大一些,一定要留给他们单独相处的空间和时间,比如让他们共同完成一件事情,这样不仅可以培养同胞手足间的感情,而且可以培养大宝的责任感、担当精神。如,可以让孩子们一起参加一项户外游戏,在陌生的环境中,让孩子感受到团结的力量和有同胞手足的好处,同时也可以锻炼孩子们独立处理问题的能力。

警惕身边人对大宝说的那些 "玩笑话"

大宝反对爸爸妈妈生二孩的根源，不在于大宝身上，毕竟人之初、性本善，孩子还没有形成成熟的价值观。问题的根本还是在大人身上，尤其是爷爷奶奶这些亲戚，甚至是邻居。

牛妈，现在被二孩所困扰，原本呢，她不想生二孩，但拗不过公婆和丈夫的劝说，不得不点头同意再生一个。生就生吧，结果麻烦又来了，这次的麻烦来自于自己5岁的儿子，之前牛妈曾经问过儿子："妈妈给你生个小弟弟或者小妹妹好吗？"儿子说："好啊。"还承诺"我会带好小妹妹，会给她喝牛奶。"

不料，儿子回老家过了一个暑假，回来后，气呼呼地要求她不要生二孩，并且以"不吃饭"抗议，牛妈很不解，这孩子怎么反复无常的？

在心理医生的帮助下，牛妈回忆，发现儿子是在回农村老家过了暑假回来以后，突然向自己提出这样的想法的。得知这样的情况，心理医生就推测：孩子那么小，哪里懂得要不要阻止妈妈生二孩，是不是农村老家周围的邻居们说了些什么，刺激孩子回到家找妈妈发泄情绪呢？

后来，牛妈询问了陪同孩子回家的婆婆，得知邻居中有几个年纪比较大的老太太一看见孩子，就和孩子开玩笑："小牛哦，你妈妈马上要给你生弟弟了哦，生了弟弟，你的房子什么的都要分给弟弟一半咯，还有妈妈就不爱你了哦！"

相信房子不房子，孩子那么小估计还不太懂什么，但真正有杀伤力的就是"妈妈就不爱你了哦"，这恐怕是孩子最害怕的地方。想一想，周围的人不断地在孩子面前重复这样"威胁"性的话语，孩子怎么会不担心，怎么会不害怕，因为害怕，出于本能就会在心里滋生出一种对尚未出生的弟弟或者妹妹的怨恨。

有时候，大宝反对爸爸妈妈生二宝的根源，不在于大宝身上，而在于大人身上。

要想顺利和睦地生下二孩，专家建议要做到以下几点：

要做好老一辈人的思想工作，劝诫他们别在大宝面前谈及所谓的"分财产抢母爱"的话

现在有一些老年人一边要求年轻父母生二孩，另一边却又喜欢在大宝面前开这样的玩笑：你妈妈马上要生弟弟或者妹妹，你的房子什么都要被弟弟或者妹妹分一半了，你妈妈也不可能只爱你一个人咯！

这样的话语在老人心里是玩笑，在孩子听来却不是玩笑，自私是人类的天性，孩子自然不允许其他人分走自己的爱或者其他的东西。所以，我们做父母的如果决定要生二孩，一定要在生之前就和老人甚至是亲戚们沟通好，别有事没事就在孩子面前提及"家里的财产分给谁谁谁"这样的话语。

做通了老人的思想工作，还应该提醒他们别把自家要生二孩的想法四处宣扬，如果条件允许的，还可以请求周围的亲戚邻里帮忙，别用"二孩"的话题刺激大宝。如果条件不允许的话，应该带着大宝远离那些总喜欢说一些刺激孩子的话的邻里亲戚。

要合理调整好夫妻俩的情绪和心态，不能因为准备二孩而忽视大宝，要一如既往地给予大宝关心和爱护

现在很多孩子为什么不愿意自己的母亲生二孩呢？根源是很多母亲在准备怀二胎的过程中，往往因为身心俱疲，而容易忽视大宝的需求。生二孩可以，但对大宝的关注绝不能减少。

孩子是敏感的，他们能够清晰地感知母爱的增减，所以孕育二孩的母亲，不管自己多累多苦，都应该在百忙之中时刻关注大宝的情绪变化，给予他们足够的关爱。如果自己实在是力所不能及，也应该和丈夫协商，让父亲多拿出一些时间来关爱孩子，甚至可以让父亲在多照顾大宝的同时，让大宝也加入到呵护妈妈的行列中来，让大宝感受到自己的"存在价值"。

生育权是父母自己的事情

媒体上披露的许多二孩不合的报道，绝大多数都是极端事件，即便是具有一定普遍性的问题，大多数也是由我们为人父母教育不善导致的。

如果家长的很多事情，被孩子所掌控左右的话，那么孩子就会成为家长一辈子的"债"。家长的事和孩子的事要分清楚，该家长做的事应该由家长做主，该孩子做的事应该由孩子做主。不是孩子的事情，如果过多地去征求他们的意见，反而会引发孩子的焦虑，让很多事情复杂化，甚至激发矛盾。

孩子是敏感的，他们能够敏锐地感觉到外部环境和母亲情绪的变化，我们更应该做到的是给他们创造一个比较和谐、宽松的外部环境和恒久不变的母爱。

让孩子放弃猜疑心理

　　不得不遗憾地承认，现在很多孩子并没有像大人想象的那样慷慨大方，懂得宽容，懂得换位思考。有时候无论父母怎样保证，大宝还是会猜疑父母不爱自己了。孩子一旦掉进猜疑的陷阱，必定处处神经过敏，事事捕风捉影，对他人失去信任，对自己也同样心生疑窦，这种不正常的心理现象，直接影响孩子的身心健康，破坏和谐的人际关系。

　　针对这一现象，我们要让孩子学会大气、宽容，并因此变得开朗、自信。

　　小楼是小学5年级的学生，性格较孤僻。一段时间来，她总觉得周围的人都与自己过不去，特别是班上的同学和老师，看谁都不顺眼。如果有同学从她身边经过不与她打招呼，她就会想，不和我打招呼！准是自以为自己怎么得了，有什么了不起；看到同学们聚在一起谈笑，她就猜大家是不是在议论她；课间有同学不小心轻轻碰了她一下，她就会与对方发生争吵，说对方是故意冲着她来，要欺负她。如果老师在处理这些事情时，稍指出她的不对之处时，她就认为老师在偏袒对方。由于她长期寡言少语，脸上极少有笑容，与同学格格不入，所以，她在班上没有好朋友，成绩也很普通。她认为自己是一个很不幸、很无辜的人，她对别人没有任何恶意，但不知为什么总是会受到别人的伤害，世上没有人喜欢她。

这是比较典型的心理障碍——猜疑心过重。猜疑是人性的弱点之一，是对人、对事物没有进行客观了解之前，主观地假设与推测，是非理智的判断过程。孩子爱猜疑是对周围世界不信任度较高的一种心理表现，体现在孩子对周围事物显得极为敏感，并且易从消极方面去思考问题。这种不正常的心理现象，直接影响孩子的身心健康。

孩子猜疑心过重，会表现出遇事敏感，有比较严重的神经过敏，而且常常把事情和当事人往坏处想，往对自己不利的方面想。如当别人聚在一块悄悄说话时，好猜疑者会怀疑他们正在讲自己的坏话；如果好猜疑者告诉朋友一个秘密后，他会不停地想他是否会讲给别人听；如果朋友对他近来的态度冷淡一些，好猜疑者会觉得朋友可能对他有了看法等。因为这种猜疑，也就滋生了孩子对周围人的不信任和厌恶感，导致人际关系往往不理想，孤独郁闷，常常哀声叹气。具有这种心理问题的孩子，会消极看待世界上的各种事物，稍有不完美之处，就会怀疑、担心。

那么，孩子爱猜疑的原因是什么？孩子爱猜疑与其个性心理特点有关。一般来说，具有抑郁型气质的孩子比较容易郁闷、爱猜疑，他们行为孤僻，多愁善感，善于觉察别人不易觉察的细节；孩子爱猜疑与辨别是非的能力有关，即是非观念模糊容易产生疑心，辨别是非能力强则不易多疑；此外，误会和隔阂也是孩子爱猜疑的重要原因。

猜疑是害人害己的祸根，是卑鄙灵魂的伙伴。一个人如果掉进猜疑的陷阱，必定处处敏感，事事捕风捉影，对他人失去信任，对自己也同样心生疑窦，损害正常的人际关系，影响个人的身心健康。好猜疑者的最后的结果只会徒增自己的烦恼和痛苦，使自己众叛亲离，最后落得个自怨自艾的下场。

一个周日的早上,小林在寝室收拾衣服时,将衣服堆放在了旁边小江的床上了,为此小江朝小林瞪了一眼。其实小林并没有看到小江瞪自己,其他同学也没注意。但是小江立刻后悔了,因为他怕其他同学看见,不巧的是,正好有一位同学抬头看了一眼小江,小江只能不好意思地笑了笑。

这之后,小江心里很是担心,怕同学说自己太小气。于是小江一整天都在注意其他同学的反应,也不出去玩。恰好看他的那位同学又问他:"你今天怎么没有出去玩呢?"小江认为那位同学是让他走开,好和别人议论他刚才瞪眼的事儿。晚上大家一起去吃饭,小江回来晚了点儿,其他人正说笑着,也就没有跟他打招呼,他认为他们一定彼此说好了,真的不理他了。第二天到教室,小江又发现同学用异样的目光看着他。他心想坏了,他们一定对全班同学说了,这一下全班同学都知道了,自己是个小心眼的人了。

以后一到教室,只要听到同学们在笑,小江就认为是在笑自己;他坐在教室的前面,担心别人在背后说他的坏话;坐在教室后面,他又认为前面的人回头就是看他,然后再讲他的坏话。因此,小江整天坐立不安,连睡觉也不踏实,因为怕睡着后别人讲他的坏话。不久,小江患上了神经衰弱,学习成绩也大幅下降。这时他还在想:我学习成绩下降了,这下别人更会笑我了。

英国哲学家培根说过:"猜疑之心犹如蝙蝠,总是在黑暗中起飞。这种心情使人迷乱,扰乱人的心智。它能使你陷入迷惘,混淆敌友,从而破坏你的生活和事业。"

对于猜疑心过重的孩子，父母要从以下的几个方面来帮助其克服：

首先，我们可以引导孩子换位思考。教育孩子用客观的态度审时度势，善于打消由先入为主的假定所引起的心理定式，头脑冷静、客观、公正地分析事物，防止消极的自我暗示。引导孩子进行换位思考，以体验他人的心理感受，避免走极端，总认为别人针对自己。

其次，多给孩子安排集体活动。为孩子创造愉快的人际心理环境，尽量多安排他参加集体活动，让孩子多与他人接触交往，通过谈话、共同游戏等活动帮助孩子与周围的人进行情感交流，培养孩子与同伴之间的信任感，如果方便的话，甚至可以邀请那些"嫌疑人员"和孩子一起参加活动，以增进彼此之间的了解，避免无谓的猜疑和误会。

另外，要提醒孩子注意调查分析。当孩子对别人有所猜疑的时候，父母不妨建议孩子主动去了解别人的真实想法，通过事实来证明自己的一些猜想是没有根据的。俗语说："耳听为虚，眼见为实。"孩子在有了猜疑之后，让孩子先本着实事求是的原则进行调查，了解别人的真实态度，不能听到风就是雨。常提醒孩子注意调查和分析，也是帮助他们克服猜疑心的一种方法。

❊✿❊✿❊✿❊✿

防患于未然，培养孩子健康的人格

考虑备孕二孩的年轻父母，在做决定时，别忽视家里大宝的感受，要尽量多与孩子沟通；同时，也要注意培养孩子健康的心理和人格。

人都有七情六欲，情绪的控制对成人来说尚且不易，对孩子来说就更难了。在孩子成长的道路上，最大的敌人其实并不是别人，而是自己。他们缺乏对自己情绪的控制，愤怒时，不能遏制怒火，使周围的合作者望而却步；消沉时，放纵自己的萎靡，把许多稍纵即逝的机会白白浪费掉。

美国著名心理学教授丹尼尔·戈尔曼说："一个人在社会上要获得成功，起主要作用的不是智力因素而是情绪智能，前者只占20%，而后者占80%。"只有让孩子具备积极的动力情绪，他们才能愉快学习、乐于奉献，从而愿意并且能够为自己所处的团队贡献才智，取得成绩，同时在这个平台上获得自我成长。

宏明是一名大三的学生，好多年幼时经历的事情他已经忘记了，但在他9岁那年发生的一件事情却一直记忆犹新。那一年的一个周末，他和朋友约好去郊外远足，但父母却说什么也不同意他去。宏明感到十分愤怒，他跑回自己的房间，握紧拳头在墙壁上猛击。他一面哭一面打，打得双拳血肉模糊，任何人劝说，他都听不进去。最后，他父亲气得揍了他一顿。后来，母亲一声不吭地进来给他涂上止疼药并包扎好，但是，母亲始终也没有说一句话安慰他。

于是，又恨又怒的宏明又倒在床上大哭了半个多小时。直到他心态平和后，母亲才进来对他说："能控制自己情绪的人就能掌握自己的命运。发怒本身就是一种自我伤害，而且对事情的解决是没有用处的，需要好好克服。"

就这样，母亲对他所说的话就深深地印在了宏明的心中。虽然现在他已经成年了，懂得了许多道理，但只要一回想起那件事，他就觉得母亲那次对自己的谈话是这一辈子最值得珍惜的谈话。

情绪控制是一个人人都必须掌握的能力，孩子随着年龄的增长，应该学会控制自己的情绪，情绪控制不好会影响孩子的注意力、人际关系、适应力和性格，最终会影响孩子的生活质量。

教孩子学会管理自己的情绪实在是一件非常重要的事情，学会控制自己情绪的孩子的心理将会更加健康，也容易养成开朗自信的个性，容易与人和谐相处。所以，家长要教会孩子如何管理自我的情绪，使孩子更加独立，能够健康成长。

为此，建议父母在平时的教养中做好以下几点：

内化"好母亲"，培养孩子的安全感

在母婴早期互动中，母亲对婴儿的声音、眼神要敏感，并及时做出回应（提供温暖和安全），使孩子感受到"好母亲"的存在。父母最好亲自哺育孩子。如果，母亲不得不离开孩子一段时间，可利用"过渡客体"（充当母亲替代物的特殊玩具和玩物，如布娃娃、玩具熊、布片等）对抗

孩子心理上的被抛弃感,使"母亲作为外在客体"到"母亲作为内部存在"过渡顺利,实现最初的分离。这种内化的"好母亲",会使孩子感到安全。当然,在孩子的成长过程中,营造温馨的家庭氛围,也有利于孩子安全感的稳固。

鼓励孩子交往,促进其社会自我意识的发展

父母在孩子的婴儿期就要建立其安全型依恋,引导孩子对外界进行积极反应;幼儿期后要鼓励孩子多开展或参与游戏,多与同龄伙伴交往,积极参与各种活动。在交往中,儿童将学习放弃"自我中心",能站在他人角度思考问题,关心理解他人的心理需要,学习宽容与忍让,其自我意识也在与同伴的一次次误会、争吵、和好、共享中得到发展。交往还可提高儿童的自我调控能力,学会与人分享(无论是情感的还是物质的),培养独立意识与担当精神。

培养孩子积极成熟的应对方式

在社会生活中,人们面临压力情景时存在成熟与不成熟两种不同的应对方式。成熟者,面对突发情况时,常以问题解决为导向,想方设法积极面对;不成熟者,以情绪为导向,常以"退缩""要挟""躯体化"等方式消极应对。在教养中,养育者应具有培养孩子积极成熟的应对方式。有些父母,在遇到冲突、困难或挫折时,往往采用退缩、赌气等不成熟的应对方式。孩子遇到困境时,就可能使用父母那样的应对方式。或者,孩子在无意中使用不成熟的应对方式时,父母很快就范,从而使得这种方式得到强化。所以,父母自身在面临压力情景时要冷静,不要意气用事;当孩子遇事赌气耍性子时,不要妥协,使孩子意识到"要挟"于事无补,并及时教育孩子勇于面对现实,积极解决问题。

先学会什么是妈妈的爱，再平分爱

如果有人问妈妈，你们爱孩子吗？相信所有的妈妈都会不假思索地说，爱呀！当然爱呀！如果再追问一句，你们都爱孩子的什么呢？不少的妈妈恐怕就会中"圈套"了：

她们会满脸幸福地告诉你，我儿子可聪明了！现在才三岁，已经能背好几百首诗歌了！

也有妈妈会说，你不知道我女儿有多听话，月子里很少"闹夜"，我们大人可省心了！

甚至还有人会说，我儿子眼睛圆溜溜的，又大又亮，光看他那张小脸就让人爱不够呢！

妈妈们只顾一一细数为什么爱孩子的原因，却不知自己已经掉进了"问题的陷阱"。

这样的问题，很容易让妈妈在一刹那局限了自己的爱、收缩了自己的爱、贬损了自己的爱。我们来做个假设，看看这个"陷阱"到底有多深。

假设那个会背诗歌的孩子不那么聪明，甚至连说话都比别的小孩晚了半年；

假设那个月子里不闹夜的乖乖女儿不那么"听话"，一晚上哭八次；

假设那个长相可爱的孩子不那么美丽，而是小眼睛、塌鼻子；

那么，做母亲的，难道就不爱他们了吗？

当然不会！妈妈对孩子的爱，完全是一种天性，是没有理由、没有条件的。

但是，我们还是常常会听见这样的话：

"宝贝你要乖、要听话，这样妈妈才爱你，才给你买糖糖；你要是不乖、不听话，妈妈就不爱你了，也不给你买糖糖了。"

妈妈在说这些话的时候，可能没有想到"自己给孩子的是怎样的爱"这个层面，可是孩子那边会接收到一个错误的信息，孩子会以为：我要乖，妈妈才爱我；我不乖，妈妈就不爱我了！

"乖"变成孩子脑海里一个可以换取妈妈的爱的条件，这岂不是很可悲的事情？

孩子乖，做父母的当然高兴；然而，孩子不乖，也不能改变他是你的儿女的事实。所以，请不要再要求孩子用条件来换取你对他的爱了。

真爱就是爱孩子本身，而不是爱孩子身上的条件，比如聪明还是笨拙，乖巧还是顽皮，学习好还是成绩差，长的漂亮还是相貌平平等。就如当初决定要生孩子时唯一的理由是享受当爸爸妈妈的快乐一样，现在爱孩子也有个唯一的理由，那就是，他是你的孩子。

如果父母能秉承这样的信念去爱孩子，无论是大宝还是二宝都会明白父母的爱。父母要做的，就是一定要让孩子知道你爱他，并且要让他知道你爱他是因为他是你的孩子，而不是因为他的表现。

在让孩子知道了什么是父母的爱后，还要学会平分妈妈的爱。

龙应台在《孩子你慢慢来》里讲到这样一个情节：

她刚生了第二个儿子，很多亲友来家里看她和孩子，几乎所有的人一进门都高声张罗着：小宝贝儿在哪儿呢？快让我们看看！然后举着他们给新生儿带来的礼物，热情地围在小婴儿的旁边，发出热烈的赞赏声："看那睫毛，多么长，多么浓密！看那头发，哇，一生下来就那么多头发，多么细，多么柔软！看看看！看那小手，肥肥短短的可爱死了……"

客人们努着嘴儿，发出"啧啧"的亲嘴声，做出各种无限怜爱的表情。直到客人们走，都没人注意到客厅里还有另一个孩子，手支着下巴，看着进进出出的大人们。

晚上刷牙的时候，老大（其实也只是个四岁的小男孩儿）看着镜子里的自己问妈妈："我的睫毛不长吗？我的睫毛不密吗？我的头发不软吗？妈妈，我的手不可爱吗？……"

在妈妈用无限柔情亲吻新生的小儿子的同时，一向乖巧听话的老大开始制造麻烦了：该刷牙的时候不刷牙，该吃饭的时候不吃饭，从起床、穿衣、刷牙、洗脸、吃饭……每一件事都要妈妈用尽力气纠缠30分钟，老大才肯去做，最后惹得妈妈不得不气急败坏地威胁、动手开打！

读到这里，做过父母的人都知道，老大并不是一夜之间中了什么巫术，而仅仅是想吸引妈妈的关注，同时以这种方式表达自己无声的抗议。

孩子是如此在意妈妈的爱，而且是如此敏感。

书里讲到有个住对面的夫人来家里看新生的老二，进门的时候却先找起了老大，并且特别给老大也准备了一份礼物，"安顿"好老大后，这位夫人才进屋去看老二，并且在夸奖老二的时候，都会压低声音。龙应台对这位夫人的做法又感激又佩服，却不料夫人感慨地说：

"这样做太重要啦！我家老二出生的时候啊，老大差点儿把他给谋杀了，用枕头压，屁股还坐在上面呢！用指头掐，打耳光，用铅笔尖……"

如果你有两个孩子，请把你的爱平分给孩子们吧，在意他们的感受，公平地对待他们，那样的话，不论是老大还是老二，或是老三、老四，就不会故意做出那么多出格的事情，引你发怒生气啦！

第四课

以爱维和，
成就美满的四口之家

❀❀❀❀

"每一个孩子都是妈妈十月怀胎生下来的。"相信对于妈妈来说，不管是大宝还是二宝，都会是她的心头肉，妈妈对每一个孩子都是一视同仁的。但是，这种爱体现在生活里的时候，难免会出现偏差。

很多时候，爸爸妈妈会不经意地或者习惯性地偏袒某一个孩子，比如偏袒年纪小的、体质弱的或者性格内向的等，这些偏袒孩子都是可以感觉到的。

每个孩子的特质都不一样，爸爸妈妈要欣赏每个孩子的优点，并且明确告诉他们：不管你们是怎样的，爸爸妈妈都始终爱你们。每个孩子的特征不同，父母给予的爱的方式也各有不同，但有一点是相同的，就是发自内心地、平等地爱两个孩子。

现在爸爸妈妈接触的教育理念越来越多，其中也包括二宝到来后，爸爸妈妈对大宝心理和行为的特别关注，这对新时代的大宝们来说可真是"福音"！只是，一个不小心，我们也许就会矫枉过正，大宝失落的、嫉妒的心理是被充分考虑了，可是二宝更加脆弱的、需要呵护的心灵又被忽视。

手足情深：培养大宝的荣誉感

在生二孩之前，爸爸妈妈要注意树立大宝的威信，培养大宝的荣誉感。为此可以告诉大宝，将来有了小弟弟（小妹妹）后，作为哥哥（姐姐），是可以"行使"一定权利的，比如可以协助爸妈照管弟弟或者妹妹，可以获得当大哥大姐的荣誉感与责任感。总之，要让大宝像憧憬游戏一般，向往爸妈能给他增添一个可爱的同伴。爸爸妈妈也要让大宝知道，以后长大了，当大宝需要帮助时，弟弟妹妹就是他最亲密的人，遇到事情就可以有个亲密的同辈人一起出主意、想办法，分担困难和烦恼。

关于如何培养大宝的荣誉感，在此我们给爸爸妈妈们分享一个康康和她妈妈徐柔的小故事。

徐柔一直有生二宝的计划，但是她担心儿子康康会反对，所以还专门问过康康，但是康康没有明显的反应，既不激烈反对，也不热烈欢迎。一时间，徐柔和丈夫也犹豫不定，因为之前也看到新闻里说过大宝反对二宝的激烈行为。

于是徐柔专门去请教了在一家大医院做心理医生的同学思思。思思告诉她，要想让两个孩子愉快地相处，一定要培养大宝的荣誉感，还给她列了一堆描写同胞关系的绘本故事书。

每天睡前故事，徐柔就跟康康一起阅读同学推荐的书籍，比如《小象欧利找弟弟》《小凯的家不一样了》《彼得的椅子》等等。这些绘本从儿童的角度，深刻地描绘了孩子的心理变化过程。徐柔想，她必须努力为康康营造一种小宝能够给他带来快乐的场景。

这之后，朋友家的小宝宝出生时，徐柔都带上康康一起去看小宝宝。见到小宝宝后，康康非常高兴，摸摸小宝宝的脸，动动小宝宝的脚，甚至还跟徐柔说自己也想要一个小弟弟，他可以给小弟弟讲故事。

有一次邻居家的姐姐，因为临时加班，不能去接孩子，只好托付徐柔帮忙接一下，徐柔当然是爽快地答应了。接完两个孩子回家后，徐柔的同事拜托徐柔给她送一份文件，其实不太远，只需要半个小时的时间。徐柔想了想，就跟康康商量能不能帮徐柔照顾一下邻居家姐姐的孩子糖糖。糖糖是个比康康小两岁的女孩子，于是徐柔就对康康说，康康是哥哥，要像故事中的哥哥一样好好照顾小妹妹。康康爽快地答应了。

等徐柔回来的时候，康康告诉她，糖糖的作业不会做，是他给解答的，而且他还给糖糖检查了作业，还洗了苹果给糖糖吃。邻居的姐姐得知后一个劲儿地夸奖康康是个好哥哥，很会照顾人。

徐柔怀二宝的时候，康康很高兴，一个劲儿地问徐柔怎么小宝宝还不出来，他想带着小宝宝玩，还会给他讲故事，更会手牵手一起去上学。甚至还央求徐柔将自己小时候睡的小床放在自己的房间，说以后他会陪着小宝宝，这样小宝宝就不会怕黑了，可是康康的小房间本来就不大，再加上有书桌和玩具，就已经容不下另外一张小床了，康康为此还失落了很久。

有一天，康康去隔壁双胞胎家里玩，看到他们家里有一张双层床，还带滑梯的，非常喜欢，回来的时候告诉徐柔，他也想要那样一张双层床，这样他就可以陪小宝宝一起睡觉，还会给小宝宝讲睡前故事。

徐柔和丈夫就给康康买了一张那样的双层床，康康兴奋极了，还在小床上贴上名字，他在上层贴上"康康的小床"，下层贴上"小宝的小床"。徐柔问康康为什么他要睡上层，康康说小宝宝太小了，不能爬那么高，自己是哥哥当然要照顾小宝宝。

年前，徐柔家里做清洁，康康还将自己的玩具和书籍整理出来，专门放在一个小箱子里，还规定谁也不能动，说这些都是给小宝宝的礼物。康康还说这些都是自己最喜欢的，所以要留给小宝宝。康康还每天给小宝宝写一句话，他说等小宝宝出来后他要和小宝宝一起分享只属于他们两个人的秘密。

看到康康对哥哥这个角色这么喜爱，徐柔非常欣慰。小宝出生后，徐柔也总是让康康明白，作为哥哥，他有权利做许多事情，而小宝因为是小婴儿，许多事情都不能做。比如，康康弹钢琴时，小宝总是扑过去捣乱，康康经常对小宝说："小宝，你现在还不能弹钢琴，等你长大了，哥哥教你！"而徐柔，则总是附和着说："是啊，哥哥真能干，会弹琴，小宝长大了可要向哥哥学习哦！"每每此时，康康总是一脸自豪。

通过徐柔的故事，我们可以了解到，要树立大宝的荣誉感，爸爸妈妈需要在行动上有所付出。其实，大宝之所以对二宝的出生感到焦虑，主要还是因为二宝出生后他将失去独享爸爸妈妈爱的权利，因此为了增加大宝的安全感，弥补大宝权利的缺失感，爸爸妈妈可以给大宝提前树立一个哥哥姐姐的形象，用一个新鲜的身份引起孩子的好奇心，转移他的注意力。

提供观察榜样

妈妈可以带着自家老大多与附近的多子女家庭接触，以供大宝观察作为哥哥姐姐是如何与弟弟妹妹生活、玩耍的，这样既能让大宝做好充分的心理准备，又可以给大宝树立一个榜样。

体验照顾二宝

妈妈要抓住孕期时间，让大宝参与到照顾妈妈、胎教以及为小宝宝出生做准备的一些事情中来，为大宝接纳二宝到来奠定基础。比如，妈妈可以在孕期里带大宝一起去产检、拍亲子孕照、照四维彩超等。

在给未来的弟弟妹妹的取名上，妈妈最好也要让大宝参与，并让大宝提供自己的想法，可以让大宝帮忙给二宝取个乳名。这是尊重大宝的方式，而大宝也会因为即将成为哥哥姐姐而感到兴奋和充满期待。另外，在日常生活中，如果谈话涉及胎儿，最好别叫"宝宝"或想好的名字，最好把胎儿称呼为"大宝的妹妹或弟弟"。

为二宝准备物品时，可以把大宝穿的衣物整理出来，告诉他："这些以前都是你的，你现在穿太小了，能让给未来的弟弟妹妹穿吗？"若大宝对某件小衣服舍不得，不妨让他保留着。当然，若爸爸妈妈能动员大宝"割爱"分享出自己最爱的一件玩具就更好了。若是大宝不愿则不要勉强，避免大宝认为自己喜欢的东西被"抢"走，以防止混淆大宝刚建立的物主权。

增加大宝的成就感

在大宝为二宝的出生做了帮助后，爸爸妈妈要及时表扬他，夸赞大宝是一个好哥哥或好姐姐，这样就能赶走大宝焦虑的情绪，帮助他在未出生的弟弟妹妹前树立自信心和威信。比如，妈妈可以向大宝示范和婴儿接触的正确方式，当大宝温柔地对待二宝时，妈妈一定要好好表扬他当哥哥的样子，当他做得不对时，则要温柔地纠正："你给妹妹的亲吻可真香，不过下次亲她的时候可以不用抱得那么紧。"

请家庭其他成员多照顾大宝

二宝出生后，妈妈一方面刚生产完，身体需要恢复，月子期间又有诸多禁忌，而且对新生儿的照顾多半需要妈妈亲力亲为，尤其是喂奶。而对大宝来说，二宝的出生无疑也会令他兴奋、好奇，但是当他切身感受到妈妈因为照顾二宝无暇顾及自己时，势必会非常失落、紧张，越小的孩子心理调节能力越差，越需要家人照顾、关心。

这时候家庭的其他成员不必把注意力都集中在二宝身上，新生儿大部分时间都在睡觉，也不需要过多照顾，所以尤其是爸爸最好多关注一下大宝的情绪，给予更多的安慰和劝导。

尽可能保证和大宝的亲密时间

妈妈产后虽然需要恢复，但也还要给二宝喂奶、哄睡、换尿片、洗澡等，所以每天的确很辛苦，需要大量的时间休息，但是为了让大宝心理平衡，妈妈还是要每天尽可能抽些时间陪大宝聊天、讲故事。让大宝明白当年爸爸妈妈像现在带二宝一样养育他是多么辛苦。当大宝亲眼看到妈妈怀里抱着小婴儿不能抱着自己时，心里可能会难过，甚至怀疑、担心妈妈是不是不爱自己了？尽管有了其他人的照顾，但是对孩子来说依然不够，所以妈妈要尽量多和大宝亲密，尽量让大宝喜欢二宝，并且尽可能让他帮妈妈照看二宝。有时妈妈的一个拥抱、一个亲吻比旁人说上十句话都管用，更容易让孩子感受到妈妈的爱。

因此，妈妈需要比家中任何人都要在意大宝的一举一动，当大宝时而在妈妈身边打转，时而唤妈妈时，妈妈应做到立即给予大宝回应，或亲切地询问大宝，或直接拥抱。

亲友来看二宝时，别让大宝受冷落

二宝的到来对一个家庭来说是件大事，自然少不了亲朋好友的祝贺和探望，因为大家主要是为了新生宝宝前来道喜，自然注意力更多地集中在二宝身上，大家带来的礼物也基本是送给二宝的，有时候难免就忽略了大宝的感受。尤其年龄小的孩子，原来一直是大家的焦点，可是现在大家似乎都更关注二宝，大宝自然会非常失落，所以爸爸妈妈此时一定要注意帮大宝疏通好情绪，最好能准备一份礼物送给大宝。爸爸妈妈在和亲朋好友聊天时，可以适时地将大宝平时的生活拉入话题，让大宝感受到大家对他的关注一直没有变。

❀❀❀❀❀❀❀

化解"潜在竞争"，给两个孩子平等的爱

二宝出生后，爸爸妈妈的注意力都集中在照顾二宝身上，因此可能在大宝身上花的心思就不如以前了。而且爸爸妈妈在面对大宝因感到受"冷落"而做出撒娇的行为时，也常常缺乏耐心，要么就是责怪孩子不懂事，要么就一味地教育他，"现在是哥哥姐姐了，该长大了，长大了就不能再撒娇了。"

如果爸爸妈妈以这样的处理方式对待大宝，大宝很有可能会有心理落差，认为二宝到来之后爸爸妈妈不再像从前那样爱自己了。尽管也有懂事的大宝，但毕竟大宝还是小孩子，要做到不撒娇是很难的。再者，对父母撒娇是孩子的天性，两个孩子因渴望得到更多的父母之爱而形成的潜在的竞争一定还是会有的，而爸爸妈妈在面对两个孩子间的这种竞争时，绝不能因二宝小就偏袒他。所以，爸爸妈妈不应把精力花在如何消除孩子所谓"不懂事"的撒娇态度上，而是做好为人父母的基本，不偏爱、不偏心，给两个孩子平等的爱。

当雅琪和丈夫准备计划生二孩时，雅琪就提前给儿子天天做心理建设。周末会带上天天去看妹妹家的双胞胎兄弟，并有意识地培养天天去照顾两个小弟弟。当然，天天这个哥哥也当得有模有样的，他会带着两个小

弟弟玩游戏，更会指导他们做作业，甚至用自己的零花钱给他们买好吃的糖果。

当天天对哥哥这个角色驾轻就熟的时候，雅琪怀孕了，天天非常高兴，认为这是爸爸妈妈送给他的最好的礼物。

"你在妈妈肚子里的时候，爸爸总是唱《亲亲我的宝贝》给你听。你和爸爸都唱唱，看看小宝宝喜欢谁唱的，怎么样？"女儿出生前，雅琪为了使儿子不感到"外来入侵"受到伤害，就这样做儿子的思想工作。儿子一听，来了劲头："爸爸，你教我吧，我来唱给小宝宝听。"于是，父子俩拥抱着，随着节拍对着妈妈的肚子唱起歌来。

孩子出生后，刚开始，天天对妹妹的到来非常高兴，时常觉得妹妹是个小天使，每天放学回家，总是要和妹妹玩好久，甚至不允许别人抱他的妹妹，就好像妹妹是他的私人玩具一样。

但是，随着妹妹逐渐长大，"破坏力"不断增强。由于妹妹年龄太小，手脚不灵活，经常把哥哥辛苦搭好的积木碰得轰然倒地。哥哥大为不满，开始以暴制暴，对着妹妹的脑袋噼里啪啦一顿打。

雅琪刚开始总是说天天，觉得这个做哥哥的怎么这么不懂事，怎么就不能让着点妹妹。可是越是如此，天天就越叛逆，甚至说不要这个妹妹了。这样的事情发生得越来越多，雅琪开始反思了，她觉得天天是个很乖的孩子，不应该如此的。经过反思，雅琪发现，问题出现在她自己身上。她总是觉得大的应该让着小的，遇到两个孩子出现矛盾，总是先说哥哥："你大些，该更懂事，妹妹还小，妹妹还不懂事。"但是事与愿违，训斥没有任何效果，反而让天天对妹妹的怨气更大。因此，雅琪决定改变对策。

又一次，妹妹推倒了天天的积木，当天天再次打了妹妹后，雅琪心急如焚，却还是忍住了。事后，雅琪和天天谈心："妹妹把你的积木弄坏了，你肯定不高兴。"天天点点头，情绪明显没那么激烈了。雅琪接着说："妹妹以前只能在爸妈怀里，手脚不灵活。现在来捣乱，是因为妹妹长大了，想跟你一起玩。不过，妹妹的手脚还没控制好……"雅琪还找来天天小时候的视频，看着自己小时候把妈妈包好的饺子一个个压扁，虽然妈妈很生气，但是并没有打他，还跟他一起玩饺子。后来，妹妹再推倒他的积木时，他不会再发火了，甚至还跟妹妹一起搭建，又一起推倒。

孩子们一天天长大，兄妹俩的关系却时好时坏。天天做作业，妹妹也跟着学，随手就拿了天天的作业本一通乱画。为此，两个人常常吵架，甚至动手，怎么劝都不管用。一次，天天用自己的零用钱买了两本一模一样的作业本，一本写上天天的名字，一本写上妹妹的名字，他告诉妹妹写作业要在自己的作业本上写，并耐心地当起小老师来，将白天老师讲的课像模像样地给妹妹讲。就这样，妹妹在天天这个小老师的帮助下，学到了不少的知识，得到学校老师表扬时，妹妹还谦虚地说都是哥哥这个小老师当得好。当天天知道后，兄妹俩再发生矛盾时，天天就不再计较了，反而对妹妹格外关照。

玩有输赢的游戏，雅琪和孩子们一起看绘本《输不起的莎莉》，鼓励天天讲述规则，直到妹妹听懂为止。妹妹快输时，雅琪提醒天天："妹妹好像不知道怎么办了。"同时告诉天天，"你已经完成得很好了，能给妹妹一些建议吗？"天天就会表现出极大的热情，帮助妹妹反败为胜。天天越帮妹妹，妹妹越谦虚。这样即使偶尔真的被妹妹战胜了，天天也不会有沮丧的情绪。

雅琪家里养了很多花，两兄妹都喜欢给花浇水，但是常常为谁浇花吵闹不休，于是雅琪就交给他们一个任务，每天一个人浇水，一个人松土，让他们自己安排，如果花养得好就给奖励。除了刚开始的时候，花养得乱七八糟，后来越来越好，两人配合得也越来越有默契。

雅琪也经常给他们布置一些合作才能做好的事情。就比如洗车。刚开始时兄妹俩洗车更像是嬉闹，两人东擦一下西擦一下，经常是车还没擦干净，两个人就弄得浑身湿漉漉的。最后雅琪规定，如果他们在一个半小时内将车擦干净就奖励他们25元钱。为了得到奖励，天天和妹妹商量了一下，决定由天天提水、妹妹擦车，这样分工明确，可以提高效率。验收合格后，雅琪果真兑现了承诺，给了他们工钱，天天分给妹妹12元。自己做了大半的工作，只比妹妹多得了一元钱，这让天天不仅认为有妹妹的合作更愉快，还感觉自己挺有男子汉气概的。而妹妹也很高兴，觉得她的工作很有价值。雅琪趁热打铁："你们合作做了一件有价值的事情，还挣到了零花钱。爸爸对你们洗的车很满意，妈妈对你们的表现同样打满分。"兄妹俩高兴得跳了起来。

除了物质奖励，雅琪还定有家规。针对兄妹俩的各种冲突和不公平，雅琪设定界限。家庭会议中，天天有优先于妹妹的发言权。有时候看天天急了，试图用武力解决问题，雅琪就会说："天天，我们说好男人不能欺负女人哦。"当然有了哥哥做榜样，妹妹也就有样学样。

之后，一家人举行"谈判"，商量有没有更好的消气的方法，最后大家统一了意见——谁主张谁优先，同参与共受益。

天天爱读书，可天天读书时，妹妹总是拿着自己的绘本过来捣乱。看到战争一触即发，雅琪就"压制"妹妹："这是哥哥的读书时间，如果你要听，必须按照哥哥的速度来。不听的话，就去玩别的东西或自己看书。"妹妹舍不得失去凑热闹的机会，就乖乖地坐在一边听天天读书，哥哥也就能很快平静下来。

天天从4岁开始看英文动画片，妹妹蹭听的次数多了，两人的听力和对英语的理解力无形中提升了很多。后来，天天和妹妹的商量多了起来，两人能统一意见，共同观看。

有一段时间，妹妹每天画些令人难懂的符号。雅琪和丈夫都不明白妹妹画的是什么，只有天天看了看，淡定地说："妹妹画的是演出的事情。"一问妹妹，果不其然。看来，两个孩子还是心灵相通的。

玩游戏就一定有个时间长短问题，如何确保分配公平呢？雅琪并没有像之前一样让天天这个做哥哥的让着妹妹。而是制订了严格的规矩，每个人玩的时间是一样的，为此，她还专门买了一个小沙漏，用此来设定时间。孩子们不仅感到有趣，还能督促爸妈在类似事情上遵守约定。

在以后的日子里，但凡两个孩子发生冲突，雅琪总是要求自己冷静处理，先认真了解事情的经过，然后站在公平的角度去处理问题，从来不偏小的，也不要求大的让小的，因为她知道只有平等的爱，才会让两个孩子健康快乐地成长。

他们一家的成就告诉我们，二孩时代，孩子的"战争"并不可怕，以爱"维和"是上策。

针对行为做出评价

爸爸妈妈在对两个孩子进行表扬和批评时，要学会站在孩子的角度，设身处地地倾听、观察和分析孩子的行为。不论是大宝还是二宝都应当一视同仁，既要看到孩子的优点，又要看到孩子的缺点，根据实际情况恰如其分地做出评价。比如批评大宝抢二宝玩具时，应该告诉大宝玩具是大家玩的，兄弟姐妹要友好相处等道理，不能简单地说"你这孩子怎么这么坏"，要批评孩子的错误行为而不是否定孩子本人。

当然，有时孩子的行为只是为了引起爸爸妈妈的注意，比如撒娇、不说话，甚至离家出走。这个时候，爸爸妈妈就需要去理解孩子的感受，而不能只对孩子的行为进行批评。当孩子的情绪比较激动的时候，他们听不进任何人的话，他们不会接受任何意见或安慰，也无法接受任何建设性的意见。他们希望爸爸妈妈能够理解他们心里在想什么，希望爸爸妈妈明白在那个特别的时刻他们的心情。而且，他们希望不用完全说出自己的遭遇，爸爸妈妈也能够理解他们。他们的情绪只会透露一点点，爸爸妈妈必须猜出剩下的部分。

以发展的眼光看待孩子

孩子是正处在发育和成长阶段的个体，爸爸妈妈要学会以发展的眼光看待孩子成长中遇到的各种问题，而不是以静态的角度去面对他们。当孩子在某方面做得不好时，爸爸妈妈不能用一成不变的眼光看待孩子，而应该及时地提出自己的期望，让孩子有一个努力的方向和目标，并且要持续关注孩子是否达成目的，在每一个阶段都给以恰当的评价，鼓励孩子不断向好的方向发展，同时也让他感受到自己正在不断进步。

用发展的眼光看待孩子的成长，爸爸妈妈要做到不强迫孩子按指示做事。作为父母，爸爸妈妈不要告诉孩子他应该做什么或应该成为什么样的人，以免无意间给孩子的发展道路设置障碍。爸爸妈妈要善于观察并抓住孩子身上体现出的特征，帮助孩子完成他人生既定的发展路程。爸爸妈妈不能顺其自然地培养自己的孩子，一个很重要的原因就是不了解自己的孩子，不知道孩子在想什么，最喜欢做什么事，因而，常常用自己的想法来代替孩子的想法，过多地干涉孩子的事。许多爸爸妈妈看见自己孩子的一些行为不符合要求时，总是上前不断地纠正，让孩子按自己的标准和方法做事，他们才觉得放心和满意。这实际上是在运用权力强制孩子听话，这种武断的方式很难获得好的教育效果，而且还会在孩子的面前失去父母的威信，同时也容易使孩子形成逆反心理。

正确地表扬和批评

表扬和批评是爸爸妈妈评价孩子的最直接的方式，但是这两种评价方式的实施是非常复杂的，并非在任何情况下都能产生积极的效果。如果运用不当，就会产生负面影响。这就要求爸爸妈妈根据孩子心理发展的特点，科学灵活地运用表扬和批评，把握好尺度。以表扬来说，3岁以下的孩子，一般是针对二宝来说，多表扬一下是没有问题的，但3岁以上的孩子，也即是大宝，由于他们自我意识较强，对他人的评价很敏感，有强烈要求表扬的愿望，所以要比较慎重。如果给孩子"乱戴高帽"，容易使孩子得不到正确的自我评价，认为表扬是应该的，不表扬就什么也不肯干，甚至会发生为了表扬而养成做假或讨好的行为。

结合孩子的个性做出评价

每个孩子都是独一无二的，各有千秋，有的聪明乖巧；有的沉默寡言；有的文文静静。正因为每一个孩子都有不同的气质与性格，爸爸妈妈在评价孩子时，需要注意以不同的方式，关注孩子的个体差异，避免用单一的划分标准来评价孩子。对一些比较文静、内向、胆小的孩子，更应该讲究评价的艺术，这些孩子会因为爸爸妈妈的批评而长时间放不下，表现出紧张、抑郁的情绪，对学习活动、集体活动失去兴趣。对这样的孩子，爸爸妈妈绝不能拿身边性格活泼的孩子来比较。而对于性格外向、活泼的孩子，也是同样的道理。

不要强迫大宝照顾二宝

如果大宝对二宝的到来很排斥，这时爸爸妈妈叫大宝照顾二宝就会变得很吃力。要是用命令的口吻强迫大宝的话，后果往往是大宝变得更加排斥二宝，相反，如果把任务或者命令换成邀请，可能孩子会更容易接受，更积极主动，因为他感觉到自己是被尊重的。

比如，在爸爸妈妈有事的情况下，请大宝帮忙照看一下弟弟妹妹，帮忙做一些力所能及且安全可靠的事，如找出一块干净的尿不湿等。当大宝帮助父母完成一件事情时，爸爸妈妈要鼓励和感谢他，让他知道自己漂亮地完成了一件事情。这样一来，在照顾二宝的过程中，大宝不仅会有成就感和价值感，也会对弟弟妹妹产生感情，以后就会有更大的兴趣和信心照顾弟弟妹妹。

❀✿❀✿❀✿❀✿

别拿一个孩子做"榜样教育"

　　相比于独生子女家庭，二孩家庭的矛盾更多些。其中有些矛盾可能是家长无意间造成的，比如随口将两个孩子进行比较。谁都不喜欢被比较，尤其是拿自己的短处和别人的长处比。而在教育孩子的过程中，家长为了迅速达到教育目的，喜欢选择一个榜样对其进行激励教育，没想到结果却适得其反，造成孩子的反感。

　　豆豆比妹妹大三岁。但是，在妈妈的眼里，他有很多事还没有妹妹做得好。上午，妈妈追着豆豆洗脸、洗头，他哼哼唧唧不愿洗。妈妈强行把他拉过来，边给他洗脸边说："瞅瞅你的脸脏成小花猫了，从小就不爱洗脸，每次给你洗脸、洗头跟怎么着你似的。你看看你妹妹，天天洗脸，她的脸比你白多了。妹妹天天让扎小辫子，你呢，给你洗头都不让。"

　　"哼！你就知道说妹妹好！"豆豆气呼呼地说，洗头的时候更是气呼呼地不配合。

　　妈妈要带兄妹俩出去玩。妹妹早早穿好鞋子等在门口，豆豆却还在玩玩具，不急着走。妈妈把豆豆的鞋子扔到他面前："你能不能快点啊？说了要出门，你还不知道换鞋？你看你妹妹多棒，每次一听说出门，就赶紧换好鞋等着。你倒好，不把鞋子递到你跟前，你都不换鞋。"豆豆嘟着嘴，把换下的拖鞋随脚踢到一边。

妈妈见状又唠叨起来："把拖鞋捡回来，摆好。你能不能跟妹妹学学，你看她的鞋子是怎么放的？"豆豆已经很反感了，不情愿地去捡鞋。妹妹热心地跑上前，帮他捡来另一只鞋子："哥哥，我帮你捡回来了。"

"不用你管！我讨厌你！"豆豆却不领妹妹的情，一下子打掉妹妹手里的鞋子。一路上，妹妹跟他说话，他都不理，对待妹妹很有敌意。

妹妹并没有得罪哥哥，反而在好心帮哥哥。但是哥哥为什么讨厌她呢？这矛盾就是妈妈无意中制造出来的。妈妈在生活中发现豆豆表现不好的地方，就拿他与妹妹比较，看比他小的妹妹都能做得很好，就产生一种恨铁不成钢的心理。妈妈急于让豆豆变好，但数次说教他都不改，于是妈妈不经意间就搬来家里现成的榜样妹妹，来与豆豆对比，想以此让豆豆意识到自己的不足，并加以改正。而妈妈忽略了，孩子是很反感被比较的，尤其是被别人比下去。这不但让他感觉很伤面子，同时也会反感那个充当榜样将他比下去的人。妈妈的比较，无意间使兄妹之间产生了"敌意"，所以，哥哥自然无法对妹妹好。

爸爸给小宝和姐姐买了两只宠物小仓鼠，爸爸对小宝说："来，摸摸它，多可爱呀。"小宝连连后退："我不敢，我害怕。"爸爸安慰他别怕，拉过他的手让他摸小仓鼠，小宝吓得挣脱了，说："我不敢。让姐姐摸摸。"姐姐欢喜地上前逗小仓鼠玩，小宝只是在一步外看着。

爸爸激他说："怎么一点儿男子汉的样子都没有？看你姐姐都比你胆大。你姐姐像你这么大的时候，去动物园什么动物都不怕。你怎么胆子这么小啊？"小宝依然只是远远地看着。当爸爸强行拉他到跟前逗小仓鼠的时候，他吓得哭起来。

小宝怕黑，晚上不敢一个人上厕所，妈妈就说他胆子比老鼠还小，还没姐姐这个女孩子胆大；小宝见到生人不敢打招呼，妈妈数落他没有姐姐大方；小宝动不动就哭，爸爸就批评他不像男子汉，说姐姐从来不轻易哭……结果，小宝越来越胆小。爸爸妈妈时常烦恼地感慨：这俩孩子都是我们亲生的，怎么就有天壤之别呢？

虽然小宝和姐姐都是爸爸妈妈所生，都是爸爸妈妈一手带大的，成长环境也几乎一样，可他们两个各方面的表现却很不同。胆量的大小，其实是不能按性别来区分的。不是所有的男孩子都天生胆大，也不是所有的女孩子都天生胆小。更不该拿胆小的孩子与胆大的孩子比。每个孩子天资不同，性格各异。就像小宝，可能生来就比姐姐胆小一些。如果家长希望他胆子变大，像男子汉的样子，更不应该动不动就拿他与姐姐相比。这样比较，小宝的胆量只会越来越小，时间长了，他潜意识里就会形成一个被误导的逻辑："我就是胆小，我没有姐姐勇敢。"遇到事情，他第一时间就想到退缩。爸爸妈妈的比较，不但会把他的胆量变得越来越小，而且也会使他丧失自信心。

有的爸爸妈妈喜欢将两个孩子拿来比较，特别是当二宝乖巧、懂事的话，他们便会拿二宝的优点来比较大宝的缺点，斥责大宝应该多跟弟弟妹妹学习。

大多数有两个孩子的家庭都有类似于这样的比较。其实这样比较的效果不仅无益，而且极有可能产生相反的效果。孩子的心灵是敏感的，也是脆弱的，如果总是拿他们互相比较，受苛责的一方便会觉得爸妈的爱从他的身上转移到对方身上了，他会感觉自尊心受到了伤害，甚至将委屈乃至怨恨转移到对方身上。爸爸妈妈往往就是这样无意中伤害了自己的孩子，他们以为这是对自己孩子的一种爱，却不知这样的爱最让孩子消受不起。

因此，我们要学会做一个明智的家长，要尽量客观地对待孩子，不论是拿大宝的优点比较二宝的缺点，或者拿二宝的优点比较大宝的缺点，都是不可取的。

相比于这种个体对个体的"横向"比较，在此更建议爸爸妈妈们采取对孩子的"纵向"比较。

所谓"纵向"比较，就是把孩子这段时间和过去的一段时间比较一下，孩子是否进步了，还有哪些不足的地方。比如，以前大宝只会对二宝指手画脚，但现在大宝却知道当爸妈不在家时该如何照顾二宝，或者二宝以前一直不愿自己穿衣服，现在却坚持自己穿了。诸如此类，爸爸妈妈如果发现孩子的点滴进步，就要及时肯定孩子，肯定孩子的时候也不能拿另外一个做标准，而且这种肯定要实事求是、发自内心，不能假惺惺地哄孩子，因为孩子的内心是非常敏感的。孩子从鼓励中获得进步，逐渐会形成一种"自我实现"的需要。

爸爸妈妈要想做到不拿两个孩子进行比较，既需从改变自己的思维、言行开始，又要对孩子有正确的认识和评价。

紫月和紫星是一对姐妹花。不过，姐姐紫月没有妹妹紫星会撒娇。妹妹总是喜欢偎在妈妈怀里撒娇，平时嘴也很甜。

那天，妈妈烤了蛋挞，端给姐妹俩吃。紫月饿了，伸手拿过一个蛋挞，津津有味地吃起来。紫星也拿起一个蛋挞，却举到妈妈嘴边："妈妈，这个是最好的，给你吃。"

妈妈听了很欣慰："哎哟，我的紫星宝贝真好，真是妈妈的贴心小棉袄，有什么好吃的先想到给妈妈吃。你吃吧，妈妈不饿。"

"妈妈你吃嘛！你帮我们做好吃的辛苦了。你应该先吃。"

妈妈咬了一口蛋挞，心里甜滋滋的，感动地搂过紫星："紫星最知道心疼妈妈了，不像你姐姐，整天大大咧咧的，只知道自己吃。"妈妈故意提高嗓门让紫月听到。

其实妈妈的话不过是半开玩笑，但是紫月听了却当了真，心里很难过，赌气地放下蛋挞："我不吃行了吧？妈妈眼里就只有妹妹。你一直都是夸妹妹，从来不夸我，你就是更爱妹妹，一点儿都不爱我！"

妈妈这才意识到自己的话不妥，赶紧上前哄紫月，可是紫月还是不高兴了好一会儿。因为平时妈妈也常说类似的话，听得多了，她心里已经有了阴影，使她误以为妈妈爱妹妹比爱她多。

有时，家长会当着一个孩子的面，与另一个孩子秀恩爱，甚至半开玩笑地说些比较的话。可是家长心里知道自己对两个孩子的爱是一样的，偶尔比较不过是开玩笑，但往往孩子会当真。因为孩子的思维很直接、很单纯，他们是经不起玩笑愚弄的。而且，特别是对老大来说，尤其害怕老二抢走爸爸妈妈的宠爱。对紫月而言，她看到妈妈和妹妹亲密的样子，本就心里不舒服，再加上妈妈不妥当的话，使她更加怀疑妈妈对她的爱，更肯定了妹妹抢走了原本属于她的母爱。这样想来，紫月会更失望、更害怕。如果不及早避免这种情况，亲子间的隔阂会越来越大。

可是两个孩子同处一个屋檐下，家长怎么做才能让孩子感觉到父母一样地爱自己，从而避免对孩子造成伤害呢？

首先，划清界限。

批评一个孩子时，别把另一个孩子牵扯进来。如果一个孩子在某方面做得不够好，家长可以用其他的方式提醒和督促他加以改正。但是，千万不要用他的兄弟姐妹来与之比较，因为两个孩子每天都在一起相处，这样的比较，无异于把两个孩子放到了对立面上，容易无端激化孩子间的矛盾，影响兄弟姐妹间的亲密感情。

其次，顾及感受。

表扬一个孩子时，家长也要适当表扬另一个孩子。孩子会不由自主地拿自己与人相比，当家长总是表扬自己的兄弟姐妹，而不表扬他时，他会有一种挫败感，会觉得自己不如人。这样难免会挫伤他的自尊心和自信心。所以，当家长当着另一个孩子的面，表扬其中一个孩子时，要顾及另一个孩子的感受，及时肯定另一个孩子表现好的一面，同时加以表扬。这样，才会皆大欢喜。

最后，别强调大让小，或者小的必须听大的。

两个孩子相处时，常常会发生大宝与二宝相争的状况，这时很多爸爸妈妈总会批评大宝："弟弟妹妹还小，你不应该让着他吗？"如果确实是大宝无理在先，则教导哥哥姐姐谦让弟弟妹妹是应该的；而当二宝在抢东西或干扰大宝学习，或是表现出其他无理的举动的时候，爸爸妈妈还是批评大宝"大的要让小的"，则对两个孩子都不公平。这样，长期下来，不仅大宝会怨愤难平，也势必让二宝认为自己小，所以有特权，就会变得越来越骄纵。

其实，正确地说，哥哥姐姐对弟弟妹妹的"让"应该体现为"爱护"，"爱护"应该是父母与大宝主动规定在先，大宝自觉执行在后。比如，当二宝抢大宝玩具，而大宝不让时，爸爸妈妈就不能斥责大宝不"让"弟弟妹妹，而是应以严肃的语气告诉二宝："抢哥哥玩具是不对的，如果你想玩哥哥的玩具就得先征求哥哥的意见。"如果二宝仍然不听，并因此而大哭大闹，那么爸爸妈妈也不能委屈大宝，让他把玩具让出来。不过，有很多大宝在看到二宝哭哭闹闹后，想起爸爸妈妈交代的"礼让他人"，还是有很大可能会主动让出玩具来的。这样，爸爸妈妈既保证了大宝的正当权益，也激发了大宝的爱护弱小之心。

因此，有两个孩子的家庭，在平时的教育中，一定要一碗水端平，是谁犯的错误，就要由谁承担。如果孩子老是犯错，就要抓住机会批评他；如果孩子表现得不错，就要抓住机会表扬他，肯定他的成绩，无论批评还是表扬一定要就事论事，不要与他人做比较，这样才能确保孩子的心理能够平衡，身心能够健康成长。

❀✸❀✸❀✸❀

引导孩子学会分享和照顾

对于孩子来说，学会照顾他人不会特别困难，因为孩子有很强的模仿能力，他也有爸爸妈妈作为榜样；但要孩子乐意与他人分享则有一定难度，毕竟克服自私心理需要一个较长的成长过程。特别是当家里有两个宝宝的时候，孩子们相处起来难免存在磕磕碰碰。所以，爸爸妈妈需要主动地引导孩子去学习分享和照顾，让他们健康地成长。

了解自私是人的天性，可以让爸爸妈妈体谅孩子的自私行为。特别是两三岁的小孩，开始建立并分清自己与他人的界限。一岁小孩不愿分享妈妈，两岁小孩不愿分享玩具，有些孩子把一起玩了很久的旧玩具、旧毛巾当作自己身体的一部分，不容侵犯。因此，爸爸妈妈在看到孩子一再出现自私行为时，也不能立刻大发雷霆，因为孩子此时并不理解自私是一种不好的行为。如果爸爸妈妈明令禁止孩子不许这样，孩子心理将会受挫，感到困惑和受伤。孩子之所以不愿分享，是因为他们认为分享就是失去。我们应该理解孩子这种难以割舍的"痛苦"，应该让孩子知道自己在和他人分享后，别人也会以同样的分享回报自己。

真正的分享需要能够站在他人立场，替别人着想。学龄前的孩子通常还不具备这种能力，他们此时的分享是爸爸妈妈对他们提出的条件。两岁半以下的小孩很难懂得主动分享，他们的精力只能集中在自己身上。

当然，适当地引导会使他们在长大一点儿后变得慷慨。当他们与其他孩子一起玩时，会慢慢意识到分享的价值所在。孩子更愿意和威胁性比较小的人分享。比如，比自己小的孩子或客人而不是兄弟姐妹、较安静的孩子。至于孩子什么时候会懂得分享，则因人而宜，取决于家庭的教育和个人的性情。

平常生活中的琐碎点滴，是孩子学会分享的主要途径。比如，吃饭时，最好全家人一起吃，而且要"好东西大家吃"。对于任何好吃的东西，家庭成员每人都要有一份。要让孩子知道，好吃的东西不是哪一个人的特权，爸爸、妈妈、大宝、二宝都喜欢吃好吃的东西。久而久之，孩子就会养成习惯，学会分享，即使别人送他什么吃的东西，他也会记得给家人留一点。在餐桌上，爸爸妈妈也可以让孩子学着为长辈夹菜，鼓励孩子给爸爸妈妈、爷爷奶奶拿东西，教孩子给客人端茶水、让座。从这些力所能及的事中，让孩子感受到帮助他人所带来的乐趣，从而教会孩子分享。

爸爸妈妈要避免强迫孩子分享，而是要鼓励孩子并努力营造分享的氛围。对大人来讲，玩具只是一个物品，而对孩子来说，那是非常珍贵的东西，因此爸爸妈妈可以试着让大宝、二宝共同玩一件玩具，让他们体会分享的快乐。爸爸妈妈平时要注意培养孩子谦让长辈、谦让同伴、谦让客人的好习惯。当孩子表现出礼让、把自己心爱的玩具拿给小朋友玩、主动让座等好的行为时，应及时给予表扬和鼓励。

爸爸妈妈也可以仔细观察孩子们一起玩耍的情形，如果一个孩子总是扮演"海盗"的角色，他很快会发现，没有人愿意和他一起玩；如果他总是"受害者"，那么，他需要学会如何拒绝。这时候，家长应适时给予一些点拨，让孩子知道如何处理自己与小伙伴之间的关系。

父母可以教孩子在与同伴交往之前进行换位思考："我若是对方，我该怎样。"当孩子不愿分享的时候，避免立即责备，应该使孩子设想："如果别的小朋友也不让你玩他的玩具或吃他的东西，你会怎么想？"要让孩子知道只有多分享，才能获得别人的喜爱。

小孩特别善于模仿，两岁的小孩会学大人给娃娃穿纸尿布，会把妈妈的唇膏涂抹在自己嘴上，会学妈妈生气的声音吼爸爸，并且惟妙惟肖，爸爸妈妈的一举一动都逃不过小朋友的眼睛。所以，爸爸妈妈要事事率先垂范。家庭成员之间关系融洽、与邻里和睦相处、好吃的东西先孝敬老人、给生病的家庭成员特别的照顾、出门坐车主动让座等言行，都可以让孩子在耳濡目染中学会关心别人、克服自私心理。

此外，要让孩子懂得什么东西是可以分享的，爸爸妈妈需要对孩子进行必要的指导和教育。

创造分享的机会

我们心里指望孩子学会和他人分享，在行为上就要为孩子们创造机会，教会孩子如何与别人沟通。爸爸妈妈可以邀请小朋友到家里玩，鼓励孩子拿出自己的玩具和小朋友一起玩，把自己喜欢的食物与大家分享，让孩子亲身体验与他人共享的快乐。或者，到亲子机构或公共儿童游乐场所，多让孩子参加各种活动，让他们接触不同的小朋友。在交往中，孩子就容易学会考虑别人的权益，以及如何与他人相处。

设立分享机制

比如，爸爸妈妈在遇到孩子争玩具熊的时候，可以说："等他玩好了，你就可以玩了。你问他什么时候玩好？"或者说："伸出你的手等着，他玩好了娃娃就会给你的。"

有时候孩子为了某一玩具争吵不休，可以用规定时间的方法解决。比如每人玩十分钟，或者每人玩一小时。如果还不行，就没收玩具，告诉孩子："什么时候你们肯分享了，才可以自由地玩。"孩子开始会非常生气，但他们会逐渐意识到，分享至少还能玩到玩具，而"没收"就一点儿也摸不到了。他们会发现，妥协与合作好处比较多，并且每个人都高兴。

分享也有度

有些东西，孩子们是不愿与他人分享的。爸爸妈妈应认识到这是正常现象，并理解他们，尊重孩子对某些东西的所有权。爸爸妈妈在有小朋友到访前，可以和孩子沟通，把那些不愿被分享的玩具或其他东西收起来。这样做，看上去是教孩子不去分享，实际上正好相反，因为分享与不分享，都是孩子的权利，作为父母，都应该尊重这种权利。

分享应该是自愿和快乐的，因为面子的问题而强迫孩子分享，只会适得其反。教孩子学会分享要一步一步来，可先向孩子提出分享的要求，孩子即使拒绝也不要强迫他，这次不行，下次再提。如此，对于应该分享和不必分享的选择，孩子才能有自主意识。

孩子所处的第一个环境就是家庭，爸爸妈妈在其中扮演了重要的角色，是孩子最重要的模仿对象。夫妻之间、婆媳之间是否能和颜悦色地沟通、相互体谅，都反映在家庭的氛围里，即使是刚出生的婴儿都可以感受到。要让两个孩子学会相互照顾，就要给他们一个友爱的家庭环境，因为一般而言，在家庭气氛和谐的环境下长大的孩子，容易培养友善、同情、合作、体贴的行为；反之，若孩子长期感受不到温暖的时候，较容易产生出冷漠或敌意的负面行为。当然，有时在较为动荡的家庭里，也会发现两个孩子反而更容易学会相互照顾，这是因为他们年龄相近，有共同的话题，而且在家庭压力下，孩子们更倾向于联合，促使他们彼此照应。由此可见，家庭氛围对孩子的影响是巨大的。

　　每对夫妻都有自己独有的互动模式，不论是爸爸在孩子的面前称赞妈妈煮的菜好吃，还是妈妈在孩子面前夸奖爸爸家务干得认真负责，或者平时共同分担家务等，让孩子感受到你们彼此间的疼爱和照顾。虽然只是几句称赞的话，一起做家务，一个关心的眼神，但是对孩子来说，他会感到自豪，因为他的爸爸妈妈相互关爱！在这种自豪中，两个孩子会越来越爱家，享受自己在家中的感觉，建立自信。接着再通过模仿，不论是大宝，还是二宝，都会学会以同样的方式对待彼此，进而学习欣赏彼此的优点、相互照顾。

　　千万不要事无巨细地都帮孩子做好，要给孩子学习的机会。例如，以前会帮孩子扣衣服上所有的扣子，现在可以试着让孩子自己动手扣扣子。当孩子可以自己穿衣脱鞋或用餐时，妈妈可以适时地表扬孩子："宝宝真的好棒！变成可以照顾自己的小哥哥（姐姐）了，不用妈妈担心，你真是妈妈的贴心宝贝！"

　　孩子在能够自己照顾自己之后，就有余力和能力照顾他人，这样循序渐进，孩子很快就会学会如何相互照顾了。

　　整理家务、爱护环境，是孩子必须学习的功课。做家务会让孩子认识到自己是家庭里重要的成员之一，保持环境整洁、能够收拾玩具、随手把椅子放好，养成物归原位的好习惯，维持家中便利舒适的空间，这正是照顾他人的具体表现。爸爸妈妈可以为孩子准备小抹布、小扫把、小围裙、小水桶等工具，让孩子感觉做家务像是做游戏一样，变得更有趣，孩子会更乐于投入。

让孩子看到弟弟妹妹的优点

对于大宝来说，他因为失宠，不喜欢弟弟妹妹，所以，要发现弟弟或者妹妹的缺点是很容易的。这时候妈妈应该问问孩子，难道弟弟妹妹真的这么坏吗？他一个优点也没有吗？并交给孩子一个任务，就是发现弟弟妹妹的优点，让孩子学会欣赏别人。

引导孩子学会欣赏别人，对于孩子的成长，和手足的感情建立是十分重要的。

乔乔7岁了，她一直不喜欢两岁的小弟弟，说他是"爱哭鬼"，甚至有时候会一本正经地说："妈妈，你为什么喜欢这么爱哭的弟弟，而不是我呢？"妈妈说："你小的时候比弟弟还爱哭"，乔乔就更生气了，后来，妈妈还发现，乔乔经常在小伙伴中把弟弟说得一无是处，说"我家有个最讨厌的弟弟""哭起来没完没了"。

一天早上，妈妈打开音乐后，就去给乔乔准备早餐了。乔乔一个人在电视前认真地听着韩红唱《天路》。

妈妈从厨房出来，看到女儿认真的样子，就问了一句："乔乔，好听吗？"

"好听。妈妈，我想到了草原。"乔乔转过身认真地和妈妈说道。

"那乔乔告诉妈妈，这首歌是谁唱的呢？"

"不知道，是谁呀？"

"是韩红阿姨。"

"不会吧。妈妈，就是那个胖胖的阿姨？"乔乔惊讶地看着妈妈。

"乔乔，虽然韩红阿姨有些胖，但是她唱歌很好听呀。这首歌到现在还没有人能够唱到她那么好听的。乔乔，你要多看到别人身上的优点。"

"哦，妈妈，我知道了，就像爱哭的小弟弟也有优点，是吗？"

"是的，小弟弟不哭的时候，是不是也很可爱呢？比如他的眼睛大大的，是不是很好看呢？"

乔乔看着妈妈，想了想，点了点头说道："其实小弟弟不哭的时候，还是很好看的。"

妈妈内心觉得非常欣慰，就这样，妈妈利用一切机会改变乔乔的想法，慢慢地，终于让乔乔喜欢上了小弟弟。

妈妈对孩子的格外珍惜与爱护，往往会让孩子养成"唯我独尊"的性格。在孩子的眼中，他常常觉得自己是最棒的，其他小孩都没有资格和自己比。长此以往，孩子会形成自负的性格。过分地强调自己的优点，习惯放大别人的缺点，忽视别人的优点，这是现在孩子的通病。

其实，每个人身上都会有优点和缺点，习惯看到别人优点的孩子会比习惯看到别人缺点的孩子生活得更快乐。生活中，这样的孩子也更受别人欢迎。因此，父母应该鼓励孩子去发现别人的优点，多去欣赏别人。

著名作家林清玄当年做记者的时候，曾报道了一个小偷作案的手法相当细腻。他在文章最后情不自禁地感叹："像心思如此细密，手法那么灵巧，风格这样独特的小偷，又是那么斯文有气质，如果不做小偷，做任何一行都会有成就的吧？"没想到这句话却影响了一个青年的一生。如今当年的小偷已经是台湾几家羊肉炉店的大老板了！

在一次邂逅中，这位老板诚挚地对林清玄说："林先生写的那篇特稿，打破了我生活的盲点，使我想，为什么除了做小偷，我没想过做正事呢？"从此他脱胎换骨，重新做人。

没有林清玄当年对小偷的"欣赏"和期盼，恐怕也就没有他今天的事业和成就了。

学会欣赏是做人的一种美德，肯定了别人也是肯定了自己，欣赏别人，也会使自己得到进步。

妈妈一定要注意自己的孩子是否在说二宝的坏话，如果有天妈妈发现自己的小孩突然开始说二宝的坏话时，要及时地指出，纠正孩子，否则长期这样下去，孩子会看不到别人的优点，甚至会养成乱说别人闲话的毛病。

心理专家提出，一个会看到别人优点的孩子，首先要学会看到自己的优点。只有当孩子看到了自己的优点，有了自信，才能更有勇气去发现别人的优点。妈妈平时可以通过一些适当的比较，让孩子发现自己的优点，让孩子充分地认识到自己的优点。

妈妈可以和孩子玩"优点大收集"的游戏。跟孩子比一比，看谁能说出对方的优点最多，谁就获胜。游戏可以用在二宝身上，还可以延伸至孩子的小伙伴，让孩子说说朋友们的优点，引导孩子发现别人好的一面，而不总是用挑剔的眼光去看别人。

多多加入"妈妈团"，听其他人的意见

每个人的生活都是会存在一定的困惑的，而"当局者迷"的情况是经常会出现的，在妈妈们的视野中，很多事情也并不是自己就能够解决的，因此，在面对这些困惑的时候，不妨谦虚地请教他人，以帮助自己解开疑惑。

陈平最近一直愁眉不展，她的家庭生活中出现了一些问题。周六，陈平将她的朋友邀请到她的家中，开始诉说自己的"苦衷"。

原来她的儿子上了初中之后，就开始迷恋网络游戏，学习也不再认真，学习成绩一落千丈，更为可气的是儿子学会了逃学，有的时候会逃学去玩游戏。面对儿子的变化，陈平苦口婆心地进行劝告，儿子还是不好好学习。

在她诉说完毕之后，很快就有一个朋友说，自己也遇到了这样的问题，她是这样应对的：她没有急于阻止孩子，而是了解孩子的心理，先了解了为什么孩子喜欢玩游戏，为什么孩子厌恶学习。了解后发现，孩子是因为遭到了老师的批评，出现了抵触情绪，故此才喜欢上玩儿网络游戏的。找到原因之后，再想解决的办法就容易多了。并且自己还会时不时地和孩子进行思想沟通，帮助孩子解决思想上的问题和压力，最后自己的孩子不但摆脱了游戏，学习也变得积极主动了。

听了朋友的话之后，陈平豁然开朗，似乎也有了方向。

很多时候，我们需要借助别人的经验来做事情，这样做的目的并不是让自己变得更好，而是为了更好地达到目的。妈妈们在遇到困境或者是自己无法解决的问题时，不妨多询问一下其他妈妈，俗话说的好，"当局者迷，旁观者清"。很多时候，在自己的事情上，自己往往会"犯糊涂"，而如果这件事情发生在别人身上，自己往往会有千百种方法来解决。

生活是难以预测的，不管自己过上怎样的生活，都不可能是一帆风顺的，在生活中，多多少少会遇到一些困境和无奈，因为这些事情发生在自己身上，多半会感觉到紧张和在意，而正是过于紧张和太过在意，才促使我们自己无法找到正确的解决途径。

刘梅去朋友家做客，朋友十分热情地迎她入门。一进家门，她看到朋友在包饺子，笑着打完招呼后，问道："是不是中午要请我吃饺子呀？"朋友十分热情，笑着答道："对啊。"

此时，刘梅发现饺子的形状奇形怪状，有的像老鼠，有的像葵花。她更加好奇，问朋友怎么包出这么多花样。朋友笑着说道："我的女儿琪琪有些挑食，而饺子的营养价值挺高的，为了不让她挑食，我故意将饺子包得好看一些，这样她就会吃得多一些。"

听完她的话，刘梅的疑团解开了，心想这个女人真是太聪明了，中午的饭，小琪琪一定会吃很多。

没想到，当热腾腾的饺子端上了桌子，琪琪正好从朋友家玩儿回来，她盯着桌子上的饺子不开心地说道："又吃饺子呀？我不想吃。"

此时只听朋友说道："这可是你说的哦，等会儿可别后悔。"

四个人坐定，刘梅和朋友夫妻两人都吃了起来，琪琪还是愣在一旁。此时，她似乎发现了什么，指着盘子里的饺子说道："妈妈，葵花，那个饺子长得跟葵花一样。"

朋友笑着说道："这是妈妈专门给琪琪包的，可琪琪还说不吃。"

还不等朋友说完，琪琪的筷子已经伸向了那个葵花样子的饺子，琪琪边吃边叫道："真香。"最后，琪琪将所有奇形怪状的饺子都吃了，吃完之后还要求妈妈下次包饺子的时候叫上她。

从朋友家出来，刘梅回想着吃饺子的那一幕，心中不由得感叹朋友是一位聪明的妈妈。

交流不仅是一种互相了解的过程，也是互助的过程。在妈妈们相互沟通和交流的过程中，由于生活环境和认识事物不同，从而对待一件事情的见解和处理方式也会不同。如果妈妈们在生活中遇到了困扰不解的问题时，不妨积极地去咨询一下其他人，或许从其他妈妈口中能够找到事情的解决方法。很多时候，自己困扰很久的事情，会被别人的一句话点破，自己也会因为这一句话感到豁然开朗，瞬间找到解决事情的途径。

因此，你不妨积极地加入"妈妈团"，聆听别人的生活妙招，让自己的生活重新恢复活力。

第五课

妈妈的情绪，决定孩子的未来

有了两个孩子之后，家中的事情蓦然多了起来，在孩子的教育中，妈妈也渐渐失去耐心，成为孩子心中的“河东狮”。

当然，做妈妈的如果偶尔有一次情绪失控并不会严重伤害孩子，但是，妈妈一定要知道，孩子们其实是在和成年人的交往中，去观察、认识、学习如何与人打交道，怎样和别人互相交流的。这就和“近朱者赤，近墨者黑”的道理一样，长期生活在一种过于激烈或愤怒的情绪氛围下，不仅会使孩子感到害怕，而且还会影响他们的行为模式——他们不知道怎样才是正确的与人交往的方式，以为吼叫、发怒就是最佳、最自然的方式。

妈妈就是孩子的一面镜子，有什么样的母亲就会养育什么样的孩子。一个女人具有创造人、养育人的职责，与此同时，还要求你是一个身心健康、精神面貌良好的女性。这是作为一个母亲必备的特质，只有这样的女性才能称得上是完美的女性。

自己首先要有平稳的情绪

许多妈妈动不动就暴跳如雷，会让孩子感觉莫名其妙，受尽委屈。而且也会让孩子感到恐怖，时间久了就会形成压抑的情绪。另外，最大的影响就是，这样的小孩子长大后也可能会和妈妈一样，易怒而控制不了自己的情绪。心理学上称之为"仿同"心理。孩子会把妈妈的欲望、个性特点不自觉地吸纳为己有，并表现出来。这是极其不利于孩子后天健康性格形成的。

史蒂芬·葛莱恩是一位著名的科学家，在医学领域有十分重要的发现和成就。有个记者曾经采访过他，为什么他会比一般的人更有创造力？究竟是什么妙法使他能够超乎凡人？

他向记者谈起了他小时候发生的一件事：

有一次，他趁着母亲不在身边的时候，想自己尝试着从冰箱里拿一瓶牛奶。可是瓶子太滑了，他没有抓住。牛奶瓶子掉在了地上，摔得粉碎，牛奶溅得满地都是！他的母亲闻声跑到厨房里来。面对眼前的一片狼藉，她相当沉着冷静，丝毫没有要怒发冲冠的样子，更没有狠狠地教训或惩罚他，而是故作惊讶地说："哇！葛莱恩！我还从来没有见过这么大的一汪牛奶呢！哎，反正损失已经造成了，那么在我们把它打扫干净以前，你想不想在牛奶中玩几分钟呢?"

听母亲这么一说,他真是高兴极了,立即将他的大头鞋踩在牛奶中。几分钟后,母亲对他说道:"葛莱恩,以后,无论什么时候,当你制造了像今天这样又脏又乱的场面时,你都必须要把它打扫干净,并且要把每件东西按原样放好。懂了吗?"

他抬起头看着母亲,眨巴眨巴眼睛,似懂非懂地点点头。"啊,亲爱的,那么下面你想和我一起把它打扫干净吗?我们可以用海绵、毛巾或者是拖把来打扫。你想用哪一种呢?"

他选择了海绵。很快,他们就一起将那满地的牛奶打扫干净了。

然后,他的母亲又对他说:"葛莱恩,刚才,你所做的如何有效地用你的两只小手去拿大牛奶瓶子的试验已经失败了。那么,你还想不想学会如何用你的小手拿大牛奶瓶呢?"

看着他充满好奇与渴望的眼神,他母亲继续说:"那好,走,我们到后院去,把瓶子装满水,看看你有没有办法把它拿起来,而不让它掉下去?"

在母亲的耐心指导下,小葛莱恩很快就学会了,他发现只要用双手抓住瓶子顶部靠近瓶嘴边缘的地方,瓶子就不会从他的手中滑掉。他真是高兴极了。

当孩子犯错误时,有许多家长第一反应是训斥孩子,类似于"你怎么可以这样""你在干什么"等等,而忽视了孩子的内心恐惧,这类话语会直接抹杀了孩子去探索未知世界的勇气。而葛莱恩的母亲却很懂得孩子的心理,她充分满足了孩子的好奇心与探索欲,并及时提醒,抓住机会教育,帮助孩子建立概念与游戏规则。

叮当喜欢看《猫和老鼠》。

妈妈担心这样下去会让叮当变得孤僻，影响她的大脑发育，所以经常叫一些小朋友过来带着叮当玩。

一次家里突然停电，叮当咧嘴大哭起来，无论妈妈怎么解释，叮当就是不听，吵着要看《猫和老鼠》，还在地上打起滚来。妈妈终于动怒了，呵斥叮当说："我管不了你了是不是？停电了，你要我从哪儿偷电去？"妈妈指着电视的信号灯处吼道："你没看到这里都不亮了吗？不许哭了！再哭，等来电了，也不让你看！"

叮当哭得更大声了，直喊："我讨厌妈妈！"

妈妈大吼道："那你别管我叫妈妈，你讨厌我，管我叫妈妈干吗？"

一些妈妈无法招架孩子的激动情绪，自己也会出现烦躁、发脾气、呵斥、打骂等举动，甚至随着孩子情绪的反复无常，妈妈的耐性也越来越差，常常在孩子将要发脾气前先呵斥孩子不许哭、不许闹，这也不许，那也不让，导致孩子的情绪无处发泄。

妈妈言辞凿凿地要求孩子停止无厘头的哭闹，其实，看似是在教育孩子不许胡闹，实则是在威胁孩子。当孩子迫于你的威信，不得不低头认错时，你以为已经有了成效，但实际上则是孩子的屈服——相当隐讳的口服心不服。

教育孩子不是以暴制暴，也非让他们变成唯命是从的乖乖孩。当妈妈在情绪激动的情况下教育孩子时，又怎么指望孩子能相信从一个脾气不好的人的嘴里说出的"要做个不乱发脾气的人"呢？

教孩子控制情绪，首先要让自己成为一名情绪平和的妈妈。妈妈是一个家庭里最重要的角色，作为妈妈，你要懂得控制自己的情绪，使家庭成为一个温暖的、让人乐于回归的温馨港湾。

舍得放手，让孩子吃点苦

"放手"去爱，其实就是教给孩子"学会生存"的能力。"学会生存"是联合国教科文组织特别强调的教育的四大支柱之一。一个人的社会化过程，就是从自然人到社会人的转化过程。其中，培养个体的自立能力和判断能力是个体社会化过程的必备条件，也是"学会生存"的重要内涵。

有一次，美惠子带着一双儿女到小学同学雅琳家做客，雅琳非常高兴，热情地招待他们，包馄饨准备午饭。一只只小巧玲珑的馄饨摆放在一只大盘子里，很是诱人。这时，美惠子的两岁的儿子安奈走到桌边，顺手抓起一只生馄饨就往嘴里填，雅琳想制止，美惠子却说："让他吃，这样他才知道生的不能吃。"小男孩咬了一口生馄饨，很快皱着眉头吐了出来。

在送别美惠子离去的时候，美惠子的小女儿走路不小心摔了一跤，哭着向母亲求助，母亲竟视若无睹，小女孩只好自个儿爬了起来。雅琳对此很不理解。美惠子却说："让孩子从小吃点苦有好处。"

在培养孩子的过程中，大人要分清"何时放手守护"和"何时出手帮助"，这样孩子才能茁壮成长。

要想让孩子具有自主性，要想孩子减少不自信、逆反等行为，妈妈应该适当放手，让孩子自己去做事情。

每年高考结束后的新闻报道中总会有类似这样的照片：走出考场的孩子兴奋地将自己的书本抛向空中……

从心理学的角度讲，当学习、考试成为一种被动行为，也就会成为一种痛苦，一旦痛苦终结，他们都乐得立马把与之相连的所有事物扔掉，让自己重获自由。

"要想知道梨子的味道就要自己尝尝。"这话用在教育上非常适用。父母们怕孩子失败，怕孩子受苦，于是想尽办法把所有他们认为可能带来痛苦的事情告诉孩子。当家长们在用焦虑甚至严厉的口气让孩子远离"雷区"时，孩子获得的只是结果和焦虑，不仅无法体验探索冒险的快乐和自由，更无从学到应对危险、坎坷的知识和经验。

在郊外的一条路上，一架马车里坐着出游的一家人，在拐弯处，马车突然的加速让车内的人感到剧烈的晃动，其中坐在边上的小男孩被甩出了车外，车夫赶紧停下马车。

马车停住了，小男孩坐在地上揉着被摔疼的膝盖，一脸委屈地看着车上的父亲，以为父亲会下来把他扶起来，但父亲却坐在车上无动于衷，反而悠闲地从兜里拿出烟吸了起来。

"爸爸，快扶我起来。"小男孩略带哭腔地喊道。

"你摔疼了吗？"坐在车上的父亲吸着烟问道。

"当然，我感觉自己都没力气站起来了。"

"即使疼也要坚持自己站起来，重新爬上马车。"父亲坚定地告诉儿子。

小男孩点了点头，尝试着用手撑着地，挣扎地站了起来，拍了拍自己身上的泥土，然后一瘸一拐地走向马车，艰难地爬了上去。

马车重新前进了，小男孩仍觉得有些委屈。

父亲抚摸着小男孩的头问道："知道为什么让你这么做吗？"儿子摇了摇头。

"孩子，人生就是这样，跌倒、爬起来、奔跑，再跌倒、再爬起来、再奔跑。在任何时候都要学会靠着自己的力量，没人会永远守在你身边总在你需要的时候去扶你的。"父亲语重心长地说道。

有时候，成人眼里举手之劳的事，让孩子自己去体验，他们反而能从中体会到更多，对他们的影响也更深远。孩子通过亲身体验才能明白许多道理，而父母应该尽可能多地为孩子提供体验的机会。

一对农村夫妇四十得子，因而宠爱有加。在蜜罐中长大的儿子，养成了一做事就毛躁的坏习惯，就连走路也走不稳，时常跌进水田里，很是让望子成龙的父母担心。

儿子七岁那年，顺理成章地上了小学。顽皮的他走路喜欢东张西望，每次回到家，不是弄湿了鞋子，就是弄脏了裤子，哭鼻子成了家常便饭。

一天，孩子的父亲带一把铁锹去儿子上学必经的田梗上，在上面断断续续地挖了十几道缺口，然后用棍棒搭成一座小桥，只有小心走上去才能通过。那天放学，儿子走在田梗上，看到前面多了一座小桥，很是诧异。

是走过去，还是停下来哭泣呢？四顾无人，哭也没有观众。最终他选择了走过去。当背着书包的他晃晃悠悠地通过小桥时，惊出一身冷汗。

吃饭的时候，儿子跟着爸爸讲了今天走过一座小桥的经历，脸上满是"神气"。父亲坐在一旁，夸他勇敢。从此以后，他上学回家很少再哭鼻子了。

妻子对丈夫的举措有些不解，丈夫解释道："平坦的道上，他左顾右盼，当然走不好路；坎坷的路途，他的双眼必须紧盯着路，因而走得平稳。"

孩子的成长不能替代，父母往往太急于帮助他们，或者要求他们一出手就是正确的。可也正是这样，父母剥夺了孩子发现的机会，扼杀了他们学习的兴趣，打击了他们解决问题的主动性。

三岁的孩子擦完桌子之后去洗抹布，观察到"抹布比以前白了，水变成黑色了"。这两者之间的关系在成人看上去很明显，但孩子却是通过亲身实践了解到了事物的变化。如果父母对孩子说"别抓抹布""水都黑了，不能洗手了"，那么，他是不能在实践中体会到这两者之间的联系的。

小鸟从小就有飞的本能，孩子也有独立判断成长选择的能力。放手把自由还给孩子，你会发现他们比你想象得更勇敢、更自信，也将飞得更高、更远。

❀❀❀❀❀❀❀❀

孩子永远比面子重要

一群孩子玩耍时，一个孩子唱起歌来，得到了大人们的赞美，于是，另外的孩子的妈妈也要求自己的孩子唱歌，大部分孩子依照大人的意愿进行了"表演"，把轻松的聚会弄成了歌咏比赛。但总有那么一两个孩子，也许因为情绪不佳，也许出于叛逆心理等原因，就是不唱。

"快唱一个，不然妈妈不高兴了。""你这个胆小鬼，一点用都没有！"……

很多妈妈都会在这种场景下数落自己的孩子，觉得别人家的孩子都表演了，自己家的如果不表演，就会被嘲笑。事实是，没有人关心你的孩子会不会唱歌，你跨不过去的只是你自己的面子。

吴姐家的女儿会背唐诗了，而且能背诵十几首。

每当家里有客人时，吴姐就会要求女儿背诗。女儿张口就来："白日依山尽，黄河入海流。"或者"离离原上草，一岁一枯荣。"接着又是，"锄禾日当午，汗滴禾下土。谁知盘中餐，粒粒皆辛苦。"客人听了，总是夸奖孩子："这孩子真聪明，记忆力怎么这么好啊？""这孩子不简单啊！""还用说啊？她妈妈是谁啊！她妈妈就这么聪明，怪不得呢。"吴姐听了心里美滋滋的。

听着别人赞美的话，吴姐的虚荣心得到了满足。吴姐认为，女儿做得好，多半是家长教得好，即使不是教得好，也是遗传基因好，怎么说都是家长的功劳，所以，有很多父母像吴姐一样，喜欢听到别人赞美自己的孩子，赞美孩子也就等于在夸自己。

后来，每当家里来了客人，或者是领孩子去参加一些活动，吴姐总是让女儿当众表演。尽管有时候孩子不怎么乐意，但吴姐总是有办法让女儿乖乖就范。直到有一次，女儿终于生气了。

那一次，吴姐的大学同学来家里做客，吴姐让女儿当众表演。

"宝贝，告诉阿姨，五加三等于几啊？"当着同学的面，吴姐满怀期待地问。女儿却怎么也不想说，依然自顾自地玩着手里的玩具。

"宝贝，乖，快说啊。"吴姐继续耐心地启发着。但女儿始终不开口，问得急了。女儿说："我在玩玩具呢。"吴姐感到难堪，生气地说："昨天，妈妈不是刚教给你吗？你不是说都学会了吗？"

"我今天不想说！"女儿辩解着说。

"你怎么这么没有礼貌啊？妈妈平时怎么教你的啊。"吴姐提高了声调说道。

女儿沉默了一下，终于大声地喊道："妈妈，我不是你的玩具娃娃。"吴姐震惊了，不知道该说什么。

其实，孩子也是有思想的，他们虽然年龄小，可也需要尊重、理解、关心、鼓励和爱。他们不想成为别人的玩具。

有的妈妈会说："我们这样也是爱孩子啊！让孩子当众表演也可以锻炼孩子的胆量！"让孩子当众表演的过程的确是孩子与他人互动交流的过程，对孩子的身心成长是有益的，可以让他不怯生，增加自信心。但是，要求孩子当众表演要"以孩子为本",首先,要在孩子愿意表演的时候才可以。当妈妈要求孩子当众表演的时候,最好事先征求一下孩子的意见。如果孩子不想表演,也不能为了炫耀孩子的聪明或者自己的教子有方,就强迫孩子做他不想做的事情。

每个为人母者,都希望自己的"作品"是优秀的,而孩子是她人生中最重要的"作品"。然而,你的"作品"是否优秀,与孩子是不是给你长面子,其实是两回事。

大多数妈妈都会让自己的孩子"见面叫人",当妈妈见到自己的朋友后"命令"孩子说:"快,叫X叔叔、X阿姨"的这类情景在生活中太普遍了。然而,幼教专家称,其实儿童在7岁以前是自我建筑阶段,毫无疑问是以自己为中心的。强迫7岁以下的儿童向陌生人打招呼,他们会感到别扭。他们会想:"我不认识他,凭什么要叫他呢。"而到了八九岁左右,孩子懂得自我介绍,也就能接受或者会主动跟家人介绍的陌生人打招呼。

所以,当你的7岁以下的孩子硬是不肯跟陌生人打招呼时,作为妈妈即使觉得丢脸,也千万别强迫他或责骂他,因为这反映了孩子成长的自然法则。当孩子成长起来,有兴趣去发展自己的社交才能,自然会主动跟别人打招呼的。

有一位从事儿童摄影的摄影师,他给自己的儿子拍照的时候从来不要求孩子笑,他觉得既然要记录下孩子最真实的一面,就要尊重孩子当时的情感。

这位摄影师为自己孩子拍照时,有时令旁人无法理解。例如,有一次他带上两岁的儿子跟朋友在西餐厅就餐。他的孩子"舞弄"着面前的一碟意大利粉,就是不肯正经吃饭。在摄影师跟朋友聊天时,孩子似乎对那碟意大利粉产生了意见,冷不防把整碟粉往自己头上、脸上一倒,结果这小家伙头上、脸上就满是一条条垂下的意粉，意粉的酱汁还一个劲儿地往下滴，最后"殃及"了衣服。

一般情况下，孩子在公众场所变成这种模样，大多数父母会认为孩子给自己丢了脸，孩子免不了挨一顿批评。而这名摄影师的反应却出乎其朋友的意料——只见他笑着对孩子说："别动别动，爸爸先给你拍张照。"咔嚓咔嚓，很快拍完了照片后，才把孩子拉到洗手间，洗干净出来后众人问他为什么这么做。他说："孩子这样可能是因为觉得爸爸只顾跟别人聊天，而忽略他了，即使孩子是出于贪玩而造成的，也是自己照看不周，所以没有丁点的理由去责怪孩子。而拍照则是职业习惯，看到孩子这么真实的一幕，拍下来也是很有趣的纪念。"

每个母亲都喜欢说，孩子是第一位的，就像恋爱中的男人常说"我爱你胜过爱自己"，然而，真正做到将孩子的感受放置于第一，靠的不是爱与本能，而是克制与培养。"我这样做，究竟是为了孩子还是面子？"是每一位母亲必须时常追问自己的话题。

常常有性情温和、不擅争抢的小孩，回到家被妈妈数落得"狗血淋头"："他抢你的玩具，你干吗不抢回来？""他打你，你为什么不还手？"但是，仔细想想，究竟是孩子在群体中被抢了玩具，被打了一下受伤害深，还是面对妈妈粗暴的责怪受伤害深？

当然，我们都会将这样的教育归结于一种恨铁不成钢的爱。因为爱你，所以心急如焚，所以口不择言。可这真的是因为爱吗？

孩子的世界有自己的规则，每个孩子都会想办法，依据自己的特点与脾性，找到属于自己的定位。妈妈的作用，并不是站在成人的角度，将孩童的世界复杂化，分为朋友与敌人、坏人与好人、欺负与被欺负，而是默默观察，先鼓励再指导。

当孩子被抢走了玩具，去玩另一个玩具的时候，表扬他的大度，如果他感到愤怒与不适，就告诉他，玩具被抢走，错误并不在他，而是抢玩具的小朋友。

相较于玩具，孩子更在乎的是被认可。妈妈在他的心目中是如此高大的存在，在他纯洁的人生观里，会认为既然妈妈都说抢玩具的孩子错了，那么他即使有玩具，也没什么了不起。

所以，请记得，孩子不是你的一枚胸针、一副耳环，他来到这个世界，并不是为了满足谁的成就感，更不是为谁争光，淡定地面对孩子为我们"丢脸"的时刻，是妈妈向尊重孩子独立人格方向迈出的重要一步。

❀�֎❀✖❀✖❀✖

肯定孩子的每一分努力

孩子因为年龄小，心智发育不成熟，还没有自我评价的意识和自我认知的能力，他们对自己的认识和判断往往来源于成人的判断。这个时候，父母给予孩子信心和信赖则显得非常重要。

然而，在赏识教育普及的今天，仍有不少父母喜欢批评孩子，或者说批评多于表扬。当孩子接到父母的批评及否定的信息时，内心就会变得十分敏感，时间一长，孩子在父母的批评与否定中就会变得越来越胆小、懦弱谨慎、优柔寡断，变得越来越自卑。久而久之，他们就不再相信自己，心理上产生一种消极的情绪。当自卑感像根一样植入孩子的心灵，并影响孩子的行为时，他就已经是个被自卑打败的孩子了，自信在他身上荡然无存。

父母口头教育上的失误，往往会影响孩子正常的心理发展，甚至会影响孩子的一生。给予孩子适当的鼓励，能够让孩子在今后面对各种事情时充满信心。

一位美国教育专家到一所小学，经过简单的测试，选出了几名神童。当这几个小孩知道自己是神童后，就兴高采烈地告诉了自己认识的所有人。几年后，专家再次到这所学校，老师们反映这些孩子各方面都非常优秀。可专家却说："其实，我是请你们帮助我完成一个心理研究的。所谓的神童，不过是我随意选出来的。"老师们听后怔住了，专家解释道，这是因为他们获得了大家的一致肯定，从而大大增强了自信心，进而提高了行为表现能力和实际成绩。

其实，生活中不管是小孩还是成年人，都有被人肯定和赞赏的需要。对天真无邪的孩子来说，肯定和赞赏是他们成长的最好养料，它可以激活孩子的潜能和天赋，点燃孩子自信和成功的火焰，激励甚至可以改变孩子的一生。所以，作为妈妈，为了孩子，千万不要吝啬自己的赞美之言，在孩子付出努力时，及时给予孩子肯定，让孩子获得成就感，从而更加努力向上，更加富有责任感！

随着孩子的成长，他们会遭受越来越多的挫折，当孩子遭遇到自己难以突破的问题时，内心就会产生焦虑与恐惧。如果孩子长期处于这种心态中，自尊心和自信心自然就会严重受挫。尽管有的妈妈一开始会给予孩子一些鼓励，可是如若不能够坚持，那么孩子依然会因突如其来的打击而变得不知所措，从而产生胆怯心理。

尤其是学龄期的孩子，在这一阶段，他们已经完全被各种各样的失败包围着。有的孩子因为在学校受到挫折而不喜欢上学，有的孩子因此变得郁郁寡欢、一蹶不振。而长期处于这种状态中的孩子会更加焦虑，并表现为退缩、对抗和抑郁。

很多时候，孩子需要的不仅仅是爸爸妈妈的肯定，更需要爸爸妈妈的关心和重视。妈妈要培养孩子的自信心，不只是简单的几句赞扬就可以了，重要的是妈妈要把这种赞扬和肯定在第一时间传达给孩子，让孩子随时可以感受到父母的关怀和关爱，从而使孩子有信心去面对学习和生活。

帮助孩子巩固自信心的关键，需要妈妈随时发现孩子的闪光点，给予孩子适时的肯定和鼓励。这样才可以使孩子的自信心稳定下来，从而形成乐观自信的性格。

维维在做数学题的时候，妈妈在一旁辅导。前面三道题维维都做对了，最后一道是思考题，妈妈说："这道题有一定的难度，你可以做，也可以不做，随便你吧。"妈妈刚把这句话说完，维维就苦着脸怯怯地说："妈妈，我不做了，这么难，我肯定不会的。"

"你认真地看了吗？还没有看题目呢，怎么就说不会做呢？"妈妈说道。突然，妈妈想到了一件事情，接着对维维说："对了，维维，你还记得昨天你做英语题时，最后一题不也是思考题吗？可是呢，其他同学不是一读就会了吗？数学题也是一样的，刚才妈妈说错了，你再看看题，妈妈觉得你一定会做的。"

维维听了妈妈的话，又很认真地读了一遍题。经过一段时间的思考，她笑着对妈妈说道："妈妈，我会做了，真的是很简单的。"

妈妈欣慰地笑了，因为那道数学思考题并不简单。

很多妈妈喜欢和孩子开玩笑，但是，当孩子的成绩不好的时候，妈妈千万要注意自己的言语，不能因为无心的玩笑，而伤害到孩子。比如，当孩子考试没有及格的时候，父母千万不要这样开玩笑："又没及格是吧，没事，和你老爸我小的时候一个样，没什么出息。"这样的玩笑是会打击到孩子的。

小米喜滋滋地告诉妈妈数学测验考了98分，妈妈立刻问有多少同学得了100分。当她知道有5名学生得了满分后，脸就沉了下来："你还有没有自尊心，考了98分还扬扬得意？你怎么不跟得了满分的同学比，我看你是不求上进！"

　　孩子的成长在日复一日的进程中常常显得进展缓慢，并时时受挫，妈妈难免会急躁。妈妈应该提醒自己，学习的过程总是艰辛的。你不妨业余时间从事一项新的业余活动，重新体会一下掌握一门新技能的艰难。对于认知、运动能力已经成熟的成年人来说，学习的过程尚且错误不断，对身体和头脑仍在发育之中的孩子而言，其艰辛是可想而知的。

❀❀❀❀❀❀❀

营造感恩的环境

一个人是否有感恩之心，与他所处的环境，所受到的教育是密不可分的。作为家长，从小培养孩子具有感恩的心是至关重要的，让孩子知道感恩，是每一个家长的重要责任。

妈妈是孩子的第一任教师，妈妈的一言一行、一举一动都将对孩子产生潜移默化的作用。因此，作为母亲，我们应该常怀一颗感恩之心，善待我们身边的人和事，无论是对领导，还是亲戚朋友，只要他们曾经帮助过自己，就应心存感激。

只要妈妈坚持做到：以身作则，言行一致，让孩子感到榜样就在身边，那么感恩教育就有希望了。

一个年轻的母亲抱着一个3岁左右的孩子挤进了拥挤的地铁，旁边座位上一个年轻的女孩给他们让了座。这位母亲把孩子放在座位上后，让孩子说"谢谢"，可那个孩子却扭头往窗外看，不理会妈妈的话。这位母亲尴尬地说："孩子就是这样。"那个让座的女孩说："没关系。"孩子就一个人坐着，他的母亲在旁边站着。车上人越来越多，越来越挤，母亲想抱着孩子坐下，但孩子却用手推开母亲，不让母亲坐，可这位母亲只是尴尬地笑笑。

妈妈要想让孩子具备感恩的心，就要言传身教，做孩子的榜样。不管在什么时候得到了帮助，都不要忘了说一些感谢的话或者做一些表示感谢的动作。

感恩是中华民族的传统美德，是一种处世哲学，是一个人对自己和他人以及社会关系的正确认识；感恩也是一种责任，知恩图报、有恩必报，它不仅是一种情感，更是一种人生境界的体现。

培养孩子学会感恩，不仅仅是一种美德的要求，更是生命的基本要素。只有让孩子知道了感恩，他们的内心才会充实，头脑才会理智，人生才会有更多的幸福，常怀感恩之心，这个世界才会变得更加美丽。

从某种意义上来说，缺乏感恩意识的孩子，无论他的能力多么出色，都是难以成为真正意义上的强者的，因为社会难以接受和认可不知道感恩的人。因此，妈妈要想把自己的孩子培养成一个强者，就必须让他懂得感恩。

早上，妈妈为家人做好了早饭并盛好放在桌上。儿子过来一看是用大碗盛的，马上掉着脸不高兴地说："我不要用这个碗，我要用小碗。"因为在昨天，妈妈用小碗给他盛的时候，他要求跟大家一样用大碗。妈妈今天用大碗盛，他又不高兴了。

看着儿子不开心的脸，妈妈也有点不高兴地说："你昨天不是要求跟我们一样的吗？今天想换的话你也要提前说啊。"儿子放下筷子跑到房间里去了，妈妈马上意识到要让孩子懂得要有一颗感恩的心，不能为了这些小事闹情绪。

妈妈没有马上叫儿子过来吃饭，而是要让他自己先冷静一下。

过了一会儿，儿子跑过来看着碗里。

妈妈望着儿子跟他说："聪聪，你今天不喜欢大碗吗？"

聪聪："那是我昨天要用的，但我今天想用小碗。"

妈妈："因为你昨天提出要用大碗，今天妈妈才给你换的，如果今天你有意见应该在妈妈盛饭之前提出来，今天的就这样先吃吧。"

聪聪看了看妈妈，没作声。

他拿起筷子开始吃饭。

吃好了饭，妈妈再一次跟他说："聪聪，现在妈妈想跟你交流一下。"

聪聪："说什么？"

妈妈："说今天你的做法。妈妈早上为家人做早饭，很辛苦，你应该要有一颗感恩的心来对待妈妈。妈妈在做饭的时候，你还在温暖的床上。妈妈做好了早饭，你应该要谢谢妈妈，而不是用这种难看的表情来面对妈妈。"

聪聪再次看着妈妈，不作声。

妈妈："今天妈妈不是错用了你的碗，而是按照你昨天的要求。即使妈妈今天用错了碗，你只要跟妈妈说一下就可以了，而不是用这样的表情给妈妈看。早上起来妈妈的手到了水里也是很冷的，你应该要更多地去体谅妈妈，为他人着想。妈妈辛苦地做了早饭，你还这样对待妈妈，妈妈心里很不舒服。"

妈妈说完，严肃地看着聪聪的脸问："聪聪如果是你做了早饭，妈妈对你闹情绪，你会怎样想呢？你认为今天这样对待妈妈，对吗？"

聪聪看着妈妈说："我知道了，妈妈。下次我会好好跟你说。"

在很多时候，妈妈会忽视孩子在生活中的细节。当妈妈辛苦地为他们服务时，他们不但没有感恩之心，还为了一些小事大发脾气。妈妈不能认为孩子还很小，这些行为可以忽视不计较，要及时给孩子指出来，孩子本身有这些行为的时候，他是无意的，是不懂的，如果妈妈不及时指出来，他会认为他的这种行为是正确的。

现在很多的家长都认为现在的孩子自私、无情，他们没有意识到在平时生活中，当孩子有这种行为出现时，自己没有及时地指出来，有时甚至认为孩子有那样的行为好玩。然而，当妈妈发现了孩子自私、无情的时候，孩子的心理发展基本已经稳定，很难扭转了。

感恩，是为了让孩子们懂得尊重别人，对别人的给予心存感激。教育孩子感恩就从妈妈做起，从身边的小事做起。家庭是孩子的第一个学堂，妈妈也是孩子的启蒙老师。妈妈自己做到关心、感恩老人，关爱、感激他人，孩子自然会受影响。特别是接受帮助时，一定要表示感谢。妈妈要知道，孩子的好品质、好行为是不断培养出来的。妈妈要让孩子从细微处入手、从小事做起。人都是在经历中懂事，如果只是简单浅显地对孩子说，要孝敬父母长辈、要感恩，孩子是无法理解的。而父母在生活的实践中给孩子树立一个榜样，孩子才会渐渐形成一种责任和义务。

感恩之心，要从小在家庭中培养。因为只有孩子对母亲心存感激，才会把这种情感扩大到他人与社会。

❈❈✳❈✳❈✳❈

妈妈越急，家里越乱

长期处于紧张快节奏中，妈妈们的神经一直处于难以放松的状态，工作时风风火火，注重效率，下班后依然心急火燎，晚饭必须七点前完成，洗澡必须八点前开始，十点前必须上床睡觉，时时刻刻都要在自己的掌控范围内，一旦超时了，就会慌张焦虑，注意力不集中。这样的情绪，不仅降低了妈妈们的生活幸福感，对孩子的教育和成长也很不利。

"有了两个孩子后，每天早晨上班、上学前的那一段时间，是最紧张且忙碌的时候，像打仗一样。"蜜儿感叹。

早晨6点50分，蜜儿准时把两个孩子从睡梦中叫醒，大的让她自己穿衣服，小的要帮他穿，然后，自己就忙着去做早餐了。可早餐都做好了，女儿的纽扣还没扣好，裤子还没穿，蜜儿只好强行给女儿穿好了衣服，塞上书包，丢给了老公，自己去照顾儿子吃早饭，可那边女儿喊叫着找不到这个，找不到那个，老公却在卫生间慢悠悠地剃胡子打领带，蜜儿气不打一处来，好不容易老公把女儿送走了，蜜儿又转头去收拾房间，等她忙完，发现儿子还没吃掉多少，她夺过勺子，三口两口就喂起饭来，然后拉着儿子匆匆往幼儿园赶……

急性子的妈妈往往教育出没耐心的孩子，因为妈妈总是催促孩子吃饭、写作业、洗澡、睡觉，孩子很难安静地、有耐心地去做一件事，也享受不到做事的成就感，久而久之，他们也会养成为效率而生活、学习的习惯，对学习没耐心，遇到难题容易放弃，或者胡乱完成，容易焦虑，课堂上经常注意力不集中。很多孩子缺乏耐心，其实都是受到了妈妈的影响。

李敏和老公都是教师，很要强，但是偏偏儿子的成绩一般，这让要面子的他们很着急，等儿子上了初中后，他们又要了一个女儿，李敏认为儿子没什么特长是因为当时忽略了对他的课外教育，因此，女儿3岁多，李敏就和老公商量着给孩子报特长班了。其间，李敏给孩子报过美术班、舞蹈兴趣班，等等。这些并没有让孩子变得聪明起来，反而让孩子有了很严重的厌学情绪。

一次，李敏给孩子指导美术作业，看到孩子把简单的水果画得一塌糊涂，李敏的气就不打一处来："这样，知道吗？就这样画！"李敏强按着孩子的手，抓了一个苹果让她对着苹果开始画，孩子被妈妈的举动吓哭了，扔下笔就跑开了。

很多妈妈急于求成，不惜花重金给孩子报各种各样的补习班、兴趣班，可是最后孩子能学到的东西却很少。事实上，报补习班、兴趣班也是可以让孩子学到一些东西的，但是妈妈过于强调、过于严厉，会让孩子失去学习的兴趣。妈妈应该偶尔也给孩子放个小假，偶尔让孩子睡个"懒觉"，以放松他们紧张的心情。

如果妈妈真的没有办法做到让自己心平气和地看待孩子的问题，那么妈妈可以试着这样问自己："我着急，孩子就会做得好点吗？""我的急于求成，孩子能接受吗？"

对于急性子的妈妈来说，做到以下几点能够极大地改善亲子关系和缓解孩子的情绪：

首先，给孩子准备一个写作业的房间，可以是在他自己的房间内，舒适的桌椅、安静的环境，妈妈尽量不要去打扰他，不要催促孩子，也不要出现在孩子的周围，妈妈去做自己的事情，也可以在客厅看书、安静上网，等等，让孩子独自完成作业，久而久之，孩子就能安心地面对作业了，情绪上的焦虑感也会降低，那么注意力也能慢慢集中起来。

其次，对孩子多点耐心，急性子的妈妈要明白，对孩子的注意力训练，其实也是对自己的注意力训练。对待孩子的问题时，多一点耐心，不去急切地寻求答案，用心感受和享受生活，孩子必定会受到感染。一个有耐心的妈妈可以循序渐进地指出孩子在某件事上犯的错误，引导孩子认识错误，改正错误。一个有耐心的妈妈也可以用几个小时的时间陪孩子观察蚂蚁，研究拼图。

最后，将注意力集中在正在进行的事情上，不考虑结果，也不做过多的安排，只享受过程。其实当孩子为了一件事而急躁不安时，引导他平静下来的方法很简单，那就是专注于眼下，比如乘公交时，孩子急切地问：怎么还没到？离目的地还很远，不如引导孩子看向窗外，欣赏窗外的风景，也可以给孩子讲一些和窗外风景有关的知识，比如交通规则、交通工具的英文单词等，孩子的注意力便会集中到有趣的事物上去，而不再烦躁不安。

❊❊❊❊❊❊❊

孩子不是你的"出气筒"

大家都有过这样的经历，心情好的时候，看谁都顺眼，心情糟的时候，看谁都不顺眼，但对于未成年的孩子，尤其是年幼的孩子，妈妈的任何迁怒，都无助于自己心绪的平复，只能给孩子带来心理上的伤害。

丈夫在公司因工作疏忽被上司骂了一番，一整天心情郁闷，无处发泄。下班回到家，看到妻子还没有做好饭，怒火一下子就上来了，"你整天什么都不干，不工作，待在家里连个饭都做不好，家里乱成什么样子了，这点事都做不好，要你有什么用……"妻子无端地被数落一顿，心里面自然气不过。做好了饭，见儿子仍然待着不动在那儿看电视，气就不打一处来："伺候完老的，还得伺候小的，饭都做好了，就不知道自己过来吃吗？用不用八抬大轿去请你？我每天操持这个家，我容易吗？"儿子被骂得一头雾水，完全搞不清楚状况，拿起遥控器，关了电视，把遥控器狠狠地摔在沙发上。

这样的情景是经常发生在很多家庭的。一个人在外面受了气，就会引起连锁反应。通常人的不满情绪和糟糕心情，一般会沿着等级和强弱组成的社会关系链条依次传递，由金字塔尖一直扩散到最底层，而最后那个无处发泄的小个体，则成为最终的受害者。这样就会形成一条清晰的愤怒传递链条。

易迁怒的妈妈，只要脸色不好，孩子就会恐惧，只想避开妈妈，防止引火烧身，欲加之罪，何患无辞。一点小事也会把孩子臭骂一顿。孩子无助的哭泣又加重了妈妈的心烦，妈妈这时可能只顾自己发泄了，根本没有想孩子是什么感受，孩子会觉得自己是个多余的人，觉得自己很委屈，只能让父母不高兴；或让孩子心生厌恶，认为妈妈无能，只会在家拿孩子出气，妈妈很难让孩子信服，如此会造成孩子性格的扭曲。

一天班上下来，人累得什么都不想动，但是家里的各种家务都等着，这个时候任谁都不会太高兴。如果孩子在这个时候有点儿什么错或者要求，大人可能就无法接受或满足，这也是较为常见的妈妈迁怒于孩子的原因，生活中很多人都曾这样迁怒于孩子。虽然对孩子的方式各异，但态度是一致的——内心有气没地方发作，把火气撒在孩子身上。

很多妈妈心情不好的时候，习惯拿孩子出气，不过很快就后悔了。有的妈妈打过孩子以后，又觉得心痛后悔，立即去抚摸孩子挨打的痛处，甚至抱着孩子痛哭，并加倍给孩子物质上的"补偿"。这种情况，在开始时孩子会感到莫名其妙。但是时间一久。孩子也就习以为常了，慢慢地孩子也就变得喜怒无常。

28岁的王媛有苦难言。王媛曾是一名出色的公关经理，活泼外向，喜欢旅游，原计划不要二孩，但避孕失败，宝宝意外来临，她措手不及。生了两个孩子的她，不得不成为一名全职妈妈。生活的巨大转变，让她陷入了惶恐和焦虑之中。

由于双方父母不便照顾孩子，王媛只能请了月嫂。照顾新生儿辛苦琐碎，王媛手忙脚乱，老公上班后，她一天打十多个电话抱怨。老公忍耐不住，朝她发了脾气。夫妻争吵频繁。

在极少的闲暇时间里，王媛玩手机，看到姐妹们在朋友圈晒美食照、旅游照和逛街照，她想起自己天天只能围着奶瓶和尿布打转，觉得人生灰暗，毫无乐趣。遇到宝宝哭闹不休，她气急了就把宝宝扔在一旁，抱着手机痛哭。婆婆见状，指责她"都生俩了，也没有当妈的样子"，王媛觉得生二孩，就是走上绝路。

偶尔参加朋友聚会，王媛也不得不带上二宝，玩到下午茶时间，姐妹们正商量去哪里吃晚饭，她却又要去接大宝，她明显感到，自己已不再受到朋友圈的欢迎。她对未来感到迷茫和惶恐，有时迁怒于孩子，对他冷淡或打骂，事后她又后悔，心情压抑。

每个人都有不良情绪，不良情绪是一种"毒性"极强的精神垃圾，随时产生要随时把它排泄掉，不能让它久驻人心。排除这种精神垃圾的方式方法有很多，既有合理的，也有不合理的，合理不合理，这主要看对自己和他人带来什么样的影响，对自己只要排泄掉就有积极的影响，而对他人则不同，有些宣泄的方式可能就会对他人带来不利的影响，比如迁怒于他人，尤其是对未成年的孩子，很有可能带来影响一生的心理伤害。

大家都有过这样的经历，心情好的时候，看谁都顺眼，心情糟的时候，看谁都不顺眼。现实生活中的人，无论对自己的亲人、朋友、同事都会有由于心气不顺而迁怒的时候，当然大多数迁怒表现并不是十分的明显，故而一般又不会对对方造成伤害。

迁怒对象最多的人，就是与自己相处时间最长的人——亲人。丈夫事业受挫折而迁怒于妻子，妈妈遇有不顺而迁怒于孩子。夫妻之间，不过火的迁怒也无妨，让对方宣泄一下，自己再安慰两句，怒气也就消了，某种程度还起到了平复心绪的心理疗效。但对于未成年的孩子，尤其是年幼的孩子，妈妈的任何迁怒，都无助于自己心绪的平复，只能给孩子带来心理上的伤害。

人的情绪空间是有一定的量的，负面情绪侵入，正面情绪自然就会被等量剔除，删除了负面情绪，正面情绪又会得以很好的恢复，而且精神会更加的饱满，以这样的心态再面对你的孩子，孩子收获的就不再是伤害，而是快乐。给孩子一个和谐温馨的家庭，让孩子在健康快乐的环境中成长吧！

❀✿❀✿❀✿❀✿

第六课

美满的四口之家，需要家人共同努力

✿✿✿✿

相信很多爸爸妈妈都会这样觉得："家里多了一个宝宝，远不止于多了一双碗筷那么简单。"

的确，一个新的家庭成员的加入会带来新的变化，大人必须多花一份精力适应新的生活节奏，孩子也需要面对这份前所未遇的"挑战"。

家有二宝，爸爸妈妈如何同时照顾好两个孩子，又如何教导大宝爱护二宝，并处理好两个孩子的关系，这些将成为成就一个美满的四口之家的关键。

二宝跟谁姓，有那么重要吗？

二孩政策全面放开后，不少夫妻踊跃响应，一个棘手的问题也随之而来：老二要不要随妈妈的姓？一些身为独生子女的夫妻以及他们的父母，尤其重视这一问题。作为母亲一方，包括孩子的外公外婆，普遍希望二孩能"归妈妈"，但有些爸爸及孩子的爷爷奶奶出于种种原因，不愿拱手出让"冠姓权"，坚持"自家血脉"不能"易主"。

下面是一位二孩妈妈的自述。

我和老公马成是初中同学，同镇不同村，大学毕业后恰好分到一个地方工作，顺理成章地处成了男女朋友，然后结婚生子。我们第一胎生了个男孩，起名为马小成。我是顺产不行又剖腹，在医院被折腾得死去活来，孩子落户时我委屈地对老公说："我怀胎十月，拼了命才生出来的孩子，凭什么就叫了马小成，一听就是你儿子，和我一点儿关系都没有。"老公笑着说："再生一个随你姓。"我们谁也没把这话当真，身为公务员，按政策我们只能生一个。

想不到的是，数年后国家全面放开了二孩政策。老公喜形于色地对我说："咱再要一个吧！"我渴望生个闺女，便同意了。

几个月后，我成功怀孕。高兴之余，我想起老公当初的承诺，对他说："咱之前可是说好了的，再生一个随我姓。"老公频频点头表示同意。我和老公开始绞尽脑汁给二孩取名字，千挑万选，最后确定如果是女孩叫云朵，如果是男孩叫云峰。

我们距离老家远，只在逢年过节时才回去，我怀了二孩后，我和老公只是在电话里对各自的父母通报了一声，他们都很高兴，二孩姓云这件事，我和老公都没对老人提起。在我的潜意识里，这根本就不算个事儿。

距离预产期一周，公公婆婆和我妈妈都来了，说我生第一胎时费事，现在年龄大了肯定更不容易，不放心，都来给我壮胆。我随口说："等云朵生下来，她一睁眼就看到奶奶和姥姥，肯定特别开心。"我说完这句话，屋子里一下子安静下来，过了好一会儿，婆婆才问我："儿媳妇，你刚才说啥，云朵？那是你们给老二起的名字？"

我对婆婆问话的深意浑然不觉，满怀喜悦地说："好听吧？我和马成商量好了，闺女叫云朵，儿子叫云峰，我这次是个闺女。"婆婆追问："云朵是乳名啊？"我说："学名啊，随我姓。"这话一出口，我突然意识到了问题所在，再看婆婆，脸色已变。婆婆说："咋还随你姓了呢？"一旁的老公小声说："反正是闺女，随她妈姓吧！"婆婆气呼呼地站起身来，一边走一边吆喝："闺女也不能随妈姓。成何体统！"我望向亲妈，希望她能帮我说句话，没想到我妈却狠狠瞪了我一眼，追赶婆婆去了。

那天晚饭是我妈做的，婆婆一个人躲在房间生闷气。我发现我妈小心翼翼地赔着笑脸，婆婆却一副高高在上的样子。我心里不痛快，悄悄问我妈："你干吗巴结她啊？"我妈叹口气，说："你真是的，这么大岁数了还不懂事。孩子怎么还随你姓啊？"

我说："随我姓怎么了？一个随爸，一个随妈。"我妈摇头，说："你婆婆憋着气呢，以为我早知道这件事，咱们合起伙来欺负她家呢！你公公听说这件事也很生气，到咱家找你爸去了。"我说："至于吗？"我妈生气地说："你才离家几年，难道把老家的规矩都忘了？咱们那里，哪有孩子随娘姓的，除非上门女婿。就连那些改嫁带过来的孩子，都是要随后爸姓的。我们有你哥传宗接代，用不着你的孩子姓云。"

这下我才意识到，二孩姓云这件事压根儿不是一件小事，关系到婆家的颜面，更关系到两亲家今后的关系。

二孩出生了，是个女孩，公公和我爸也都来了，两家人在医院聚齐，当着公婆的面，我愣是没敢喊"云朵"这个名字。公公故意问老公："给孩子起了啥名字啊？"老公忙说："还没起呢！"婆婆一听脸上有了笑容，说："乳名就叫云朵吧，儿媳妇起的。"公公忙说："这名字好听，儿媳妇到底是有学问的人。我看学名就叫马云朵，怎么样？"

我和老公急忙谄笑着说："好，听爸妈的。"公婆这才展颜。

最后，孩子的出生证明上写了"马云朵"三个字。老公无奈地对我笑笑，我说："我只有再委屈一次了。"老公安慰我："咱以后就喊闺女云朵，把马字忽略不计。"有老公这句话，我知足了。

对有些妈妈来说，争夺二孩的姓氏权，无非是为了彰显自己的"功劳"。假如丈夫已经认可并尊重妻子的付出，其实也不必太过计较。考虑大局，维护两个大家庭的团结和睦，显然比孩子随谁的姓更重要。

程茜最近一段时间一遇到熟悉的朋友就开始求助——怎样才能说服老公一家，让二孩跟自己姓。

程茜和老公都是80后，并已经有了一个可爱的女儿。二孩政策放开后，小两口就开始酝酿着生二孩。

就在一切都已计划妥当时，二孩该跟谁姓这道难题卡住了一切。"我们每讨论一次，就吵一次。最近因为'二娃跟谁姓'这个问题还在冷战。"程茜说。

程茜和老公都是家里的独苗。两家人都希望能有孩子"延续自家香火"。但在生大宝的时候，程茜的父母还是延续传统，让孩子跟女婿的姓。可二孩政策放开后，老两口在希望女儿女婿生二宝的同时，提出孩子将来一定要跟女儿姓。"老人至今不妥协，我夹在两家人中间，左右为难。"程茜说，"实在摆不平两边的老人，我只能放弃生二孩计划。"

程茜的老公在孩子跟谁姓的问题上态度却非常坚决："孩子必须跟自己姓。"

究竟"二孩该跟谁姓"这个话题，在网络上也讨论得很热乎。超过六成的被调查者认同"子随父姓，天经地义"，认同二孩跟妈妈姓的占比不足四成。

但细细分析这个调查结果不难发现，投票者的性别很大程度上决定着投票的结果。在六成赞成二孩跟父亲姓的投票者当中，有超过八成的是男性。而相应地，在赞成二孩跟母亲姓的投票人群中，绝大部分是女性。

随后，记者随机分别选择十名男性和十名女性对这一话题进行调查。在男性组中，有八成赞成二孩应跟父亲姓。在女性组中，也有近七成赞成二孩跟母亲姓。

无论如何讨论、如何考量，家庭和睦是第一位的，如果夫妻双方为了孩子的姓氏争吵不休，伤害的不仅是夫妻感情，而且是两个家族的感情，所以在这个问题上，双方还是应该多一些宽容和豁达。

❁❋❁❋❁❋❁

爸爸不是"甩手掌柜"

有这样一个故事。

一个四五岁的小女孩问："妈妈，我是您生的吗？"母亲回答说："当然是呀，我的宝贝儿！"小女孩又问："那我哥哥是谁生的呢？"母亲笑着说："傻孩子，你哥哥当然也是我生的呀！"小女孩有点儿不懂了，她眨眨明亮的大眼睛，有点儿失望地说："连哥哥也是妈妈生的，那要爸爸还有什么用呢？"

上例虽然是则笑话，可却反映了孩子对父亲作用的质疑。

孩子出生后，第一个生长的环境就是家庭，而父母就是孩子义不容辞的第一任老师。其实，父亲和母亲对孩子的成长有着同等重要的作用。从某种意义上来说，父亲的作用可能比母亲更大。但在现实生活中，有几个父亲尽到了自己的教育责任呢？

如今，大多数家庭中的爸爸都忙于工作，照顾家庭和教育孩子的任务就落在了妈妈的身上，爸爸在教育孩子中的角色意义也逐渐被淡化。工作忙、压力大、没时间等理由，也成为爸爸忽视教育孩子的主要借口。

事实上，在孩子的成长过程中，"爸爸"的作用同样重要，孩子可以体会与母爱风格不同的父爱。母爱和父爱对孩子的健康成长，就像鸟儿起飞需要两个翅膀一样缺一不可。如果爸爸在孩子成长过程中只做"甩手掌柜"，不仅使孩子缺乏父爱，还容易导致孩子偏爱母系群体，对孩子的身心健康产生不利影响。

因此，作为父亲，不论多忙都要抽出时间陪陪孩子，倾听他们的苦恼，分享他们的快乐，陪他们玩耍，并在交流中适时教育，帮助孩子形成完整的个性人格。

吴思思最近的表现非常不好，动不动就发火闹情绪，令妈妈很担心。

周末，妈妈决定带思思去公园玩，调节一下情绪，顺便侧面打探一下到底是什么原因让孩子这么焦虑。玩了一上午，妈妈决定带思思去吃麦当劳，思思吃得非常高兴。于是妈妈就问她："思思，你能告诉妈妈，最近你为什么老爱发脾气吗？是不是在学校和小伙伴闹矛盾了呢？"

思思听了妈妈的话，沉默了老半天，才委屈地说："妈妈，我没有跟小伙伴闹矛盾，我是想爸爸，我好多同学都是爸爸妈妈带他们去游乐园玩，可是为啥只有妈妈陪我。爸爸为什么总不回家呢，他是不是不喜欢我了？是不是我考第一，爸爸就回家了？"说完，就抽泣着又哭了。

妈妈这才想到，思思爸爸最近被外派到国外公司工作，孩子一年到头基本上见不到爸爸，只有偶尔和爸爸在视频中简单聊几句。

近年来，一些有关父亲的调查数据让人担忧：五成父亲很少陪孩子，三成父亲与家人共餐的次数每天不到一次；七成孩子上学、放学是由妈妈或保姆来接，五成孩子在家大部分时间是与妈妈或祖父母一起度过；两成左右的孩子几乎一天到晚都见不到爸爸。教育孩子不是妈妈一个人的责任，身为父亲，更有责任积极主动地陪伴孩子、关心孩子、教育孩子。这样才不会导致孩子缺少父爱，才不会导致爸爸与孩子之间的感情出现问题。

爸爸要认识到自己在教育孩子方面的重要作用，努力在精神世界里给孩子关爱，世界卫生组织研究表明：平均每天能与爸爸相处两小时以上的孩子，要比其他孩子更聪明，男孩子也更像男子汉，女孩子长大后也更懂得如何与男性交往。相反，孩子成长过程中如果缺少爸爸的参与，男孩子容易偏向女性化，女孩子则容易依恋年长的男性，或者不信任男性。因此，爸爸有必要增加与孩子共处的时间，多陪孩子一起学习、游戏，帮助孩子建立正确的人生观和价值观。

其实孩子对爸爸的要求并不高，只要爸爸在他身边经常关注他、陪伴他、正确引导他就可以了。一句简短的鼓励，一句真诚的赞美，一个有趣的故事，就让孩子感到快乐和满足。既然如此，与其将大把的时间用于工作，希望获得更多的成果，不如抽出一点儿时间陪伴孩子、关爱孩子，这样获得的成果才更大，也更有长远意义。

尽管爸爸和妈妈对孩子成长产生的影响不同，但爸爸与妈妈一样承担着教养孩子的责任。爸爸的言行举止，都会潜移默化地影响着孩子，对孩子的成长起着独特作用。因此，要想让孩子拥有健康的身心，爸爸就必须摒弃做"甩手掌柜"的思想和行为，真正融入到孩子的生活当中，多与孩子在一起，引导孩子健康成长。

有个男孩胆子特别小，上课不敢举手回答问题，即使回答声音也像蚊子似的，学习成绩总是上不去。老师调查后发现，原来在家里孩子总是跟着母亲，母亲胆子很小，总怕孩子碰伤，因此孩子也就变得内向、胆小。

针对这一情况，老师建议让父亲多和孩子接触，在家里以父亲的教育为主。于是，父亲便常常带着孩子一起爬山、划船，父亲那不畏艰险的精神和博大的胸怀逐渐改变了孩子的性格。结果，孩子越来越勇敢，上课积极举手回答问题，学习成绩也直线上升。

我们并不否认女性教育的重要性，母亲以女性特有的感情细腻、做事认真仔细、性格温柔去影响孩子，通过讲故事、教唱歌、玩游戏等给了孩子很多的关怀与呵护，这是功不可没的。但是，缺乏男性教育往往会使孩子表现出多愁善感、性格懦弱、胆小怕事以及性格孤僻、自卑等特点。男性教育恰恰弥补了这些不足。男性的特点往往是坚韧、勇敢、果断、自信、豪爽、独立，这些对于女性来说略显薄弱，这就显示出了男性教育所不能替代的作用。

虽然母亲在尽全力培养孩子，但因为父爱的缺失，孩子往往会感受不到父亲的存在和关爱。这样，孩子的个性、人格等就很难得到全面的发展。正如美国著名儿童心理学家所说："失去父爱是人类感情发展的一种缺陷和不平衡。"所以，每一位父亲都应该用爱、关怀和良好的情绪去感染孩子，让自己的言行举止去影响孩子。

有这样一位父亲，他曾是某中学校长，因为工作能力强、成绩突出，后来被广东一所重点中学聘为校长。于是，他带着激情南下创业。他想，儿子在广东这所新学校的学习环境会更好，就把儿子也带到了这所学校。

他把儿子安排妥当后，就全身心投入新的事业而无暇照顾孩子了。结果，儿子在陌生环境中不能适应，而且又十分想念妈妈，更加不能安心学习，成绩直线下降，最终孩子不得不辍学。这时，这位父亲才后悔不迭。尽管，他来广东后事业有了长足的发展，可一想到儿子，他就痛苦不已。在他看来，这是自己最大的失败。

曾看过这样一项调查，在你成长的过程中，谁承担了更多教育责任？

结果显示：46.9%的人说是"母亲"，28.7%的人说是"父母均担"，13.0%的人说是"父亲"，11.4%的人说是"父母之外的其他人"。可见，在很多人的成长中，是没有得到父亲的培养的。

其实，古代非常重视父亲教育的地位和作用。古人用"良知好向孩提看，天下无如父子亲"描述父子关系的亲密程度，并给父亲的责任定义了一个字——教，认为"父者何谓也？父者，矩也，以法度教子""父当以教为事"，意思是要求父亲教好孩子，使他的行为规范，合乎社会的要求。如果父亲不教子，会被指责未尽"父兄之责"，这是在强调父亲在教育孩子上所担当的责任，而"有其父必有其子"则强调父亲的言行对孩子的巨大影响。

可进入新世纪，由于受家庭分工观念等诸多因素的影响，父亲的职责渐渐锁定在"家外"，对孩子的教育职责渐渐在家庭中隐退。因为父亲很少有时间和孩子在一起，父亲在孩子心中自然不会占太大位置。令人高兴的是，近年来，越来越多的人开始关注父亲参与家庭教育的话题。另外，从美国、德国、加拿大等西方国家也传来一些关于父亲教育的思想，比如，在美国，父亲分担照顾、教育孩子的职责成为一种时尚，这已经开始影响国人的教育意识。

作为孩子的妈妈，应该充分认识到父爱的重要性和影响力，要让孩子的父亲参与到孩子的成长之中来，下面让我们来充分认识父亲教育在孩子生活中的影响力。

父亲是孩子游戏的重要伙伴

在家庭交往中，相对于把更多时间花费在照料孩子生活上的母亲，父亲更多的是与孩子一起游戏。父亲用触觉、肢体运动的游戏把孩子举得高高的。这些动作激烈的身体游戏使孩子快乐地咯咯大笑。

心理学家发现，孩子在头3年内与父母形成不同的关系类型。痛苦时，他更多地到母亲那儿去寻求安慰；而想玩时，则更多地会想到父亲。孩子在散步、游戏时，喜欢和父亲在一起。20个月时，父亲就成为孩子的基本游戏伙伴，20个月的婴儿对父亲发起的社会交往游戏明显地感兴趣，反应积极。而30个月时，则成为更主要的游戏伙伴，30个月的婴儿能兴奋、激动、投入、亲近、合作而有兴致地和父亲一起游戏，他们会把父亲作为第一游戏伙伴来选择。

父亲是孩子形成积极个性品质的重要源泉

现代社会，良好的女性特征得到社会的推崇，即会关心人、体贴人，有良好的同情心、善意；而良好的男性特征，即独立、自主、坚强、果断、自信、与人合作、有进取心等也是社会对人的要求。

父亲对孩子良好个性品质的形成具有极大的促进作用，是孩子良好个性品质的重要源泉。父亲通常具有独立自主、自信、坚毅、果断、坚强、敢于冒险、勇于克服困难、富有进取心、富有合作精神、热情、外向、开朗、大方等个性特征。孩子在与父亲的不断交往、相互作用中，一方面接受影响并且不知不觉地学习、模仿，另一方面父亲也自觉不自觉地要求孩子具有以上特征。

父亲是孩子社交技能提高的重要源泉

父亲参与孩子的教养、与孩子交往对孩子社交需要的满足、社交技能的提高也具有极其重要的作用。

孩子渐渐长大，生活自理能力逐渐增强，与外界交往需要也日益增多，要求扩大交往范围与内容，不再满足于以往的交往方式与圈子，因此父亲成为孩子重要的游戏伙伴，父亲的参与扩大了孩子的社交范围，丰富了孩子的社交内容，满足了孩子的社交需要。同时，父亲和孩子的交往使孩子掌握更多、更丰富的社交经验，掌握更多、更成熟的社交技能。当孩子在和父亲的游戏中反应积极、活跃时，在和同伴的交往中也较受欢迎。因为父亲影响了他的交往态度，使他喜欢交往，在交往中更加积极、主动、自信、活跃。

父亲在与孩子的交往游戏中，较多采用平行、平等的形式，采取积极、鼓励的态度，较少自上而下地直接教导，给孩子更多的操纵、掌握交往过程的机会，这有助于孩子学会更多的社交技能，特别是如何注意、识别、正确理解他人的情感、社会信号，学会运用、调整自己的行为反应，并且以此影响他人的行为。

父亲是孩子性别角色正常发展的重要源泉

父亲积极地和孩子交往，有助于孩子对男性、女性的角色有一个积极、适当而灵活的理解。研究表明，男孩在4岁前失去父亲，会使他们缺乏攻击性，在性别角色中倾向于女性化的表现——喜欢非身体性的、非竞赛性的活动，如看书、看电视、听故事、猜谜语等。女孩性别角色的发展也受到父亲的影响。女孩在5岁前失去父亲，在青春期与男孩交往时往往会表现得焦虑、不确定、羞怯或者无所适从。

父亲是孩子认知发展的重要源泉

父亲在性格、能力等方面的独特特点，特别是父亲与孩子在交往上的独特性，使孩子从母亲和父亲处得到的认知上的收获是不完全相同的。从母亲那儿，孩子可以更多学到语言、日常生活知识、物体用途、玩具的一般使用方法。但从父亲那儿，孩子则可以学到更丰富、广阔的知识，更广泛地认识自然、社会，并通过操作、探索、变换多样的活动、玩法，逐步培养起动手操作能力、探索精神，丰富的想象力，以及动脑、创造的意识，引发出旺盛的求知欲和好奇心。这对孩子的认知发展都是十分重要的。父亲较多地参与和孩子的互动，能渐渐提高孩子的认知技能和对自己能力、操作的自信心。

爸爸若是想要给孩子更多关爱，不妨试试从以下几个方面着手。

培养感情从抱孩子开始

在很多爸爸眼中，小婴儿娇弱柔软，连抱抱也令人有种无从下手的恐惧。宝宝若是过了6个月开始认人了，可能爸爸想抱，宝宝却未必愿意。所以，在二宝0~6个月期间，爸爸每天下班回家后要记得多抱二宝，哪怕只有半小时，也能培养爸爸和二宝间的感情。而对于那些不愿意要爸爸抱的二宝，可以让爸爸从陪二宝玩游戏和逗乐开始，每天回家和二宝玩半小时，等二宝习惯了爸爸的陪伴，很快就不会再排斥爸爸的拥抱。

照顾宝宝从换尿布开始

其实换尿布是一个与宝宝建立感情的好途径。当然，换尿布、冲奶粉也是照顾宝宝的第一步。假期里，可能只有妈妈和爸爸两个人在家照顾宝宝，妈妈忙着陪在宝宝身边的时候，爸爸就可以担负起洗奶瓶、消毒、制作辅食、换尿布、洗屁股等琐事。这样爸爸也知道，照顾宝宝可不是看起来那么轻松的事。

和孩子沟通从陪孩子阅读开始

若是宝宝再大一点，已经有一定的理解力，那么爸爸可以每天下班之后抽出十几分钟的时间，陪孩子一起阅读，这是爸爸完全能做到的。在共同阅读时，爸爸可以从中观察孩子的学习能力，发现孩子的闪光点，享受共同成长的快乐。

多和妈妈讨论养育宝宝的目标

很多爸爸因为工作关系，不能一直参与到养育宝宝的事情中来，但是，作为补偿，爸爸应该多和妈妈讨论养育两个宝宝的目标。比如，选择二宝的尿片、奶粉品牌，给大宝报什么培训班、早教班，关于养育宝宝的一切目标、想法，爸爸都应该和妈妈讨论交流。爸爸在宝宝身上花的心思越多，和宝宝的情感也就越密切。如果爸爸懒于和妈妈交流这些细枝末节的事情，号称一切让妈妈做主，那么妈妈就应该主动地把自己的决定和想法告诉爸爸。毕竟，在养育宝宝的问题上，爸爸是无法置身事外的。

和妈妈的教育态度要一致

在许多家庭中，由于夫妻双方经历、价值观、知识水平不同，对孩子成长规律的理解也互不相同，因而会在孩子的教育问题上产生分歧。爸爸妈妈的教育态度不一致，往往会使得孩子无所适从，使孩子成为人格失调的两面人。爸妈一个严、一个宽，往往是导致家庭教育失败的重要原因。

爸爸妈妈间的争吵，尤其是彼此否定对方，不仅会使孩子对爸爸妈妈感到失望，还会破坏爸爸妈妈在孩子心目中的形象，降低爸爸妈妈的威信。夫妻双方都有一种维护自己尊严和权威的心理需要，所以孩子在场时要尽量避免正面冲突，即使对方的教育方式不当，也不要当着孩子的面指出，而要在事后寻找合适的机会为对方指出。

许多爸爸以忙为理由而很少参与对孩子的教育，其实教育不一定非要拿出很多的时间，但要求爸爸一定要有责任心、耐心和毅力。比如，对于小宝宝，爸爸可以在上班前，亲亲他的小脸，逗他乐一乐；抽点时间绘声绘色地给他讲故事，用手指在墙上变出各种动物影子。而对于大宝，爸爸出差在外时，可以用短信、微信或视频通话等形式跟孩子交流；因故不能按时回家时，要打电话和孩子说上几句话。

每天抽出固定时间与孩子互动

爸爸可以每天或每周规定下一件必须和孩子互动的事情。比如，爸爸下班回家如果孩子已经睡觉了，就约定让爸爸来清洁消毒孩子的玩具，但是必须每天坚持；或是在每周早教课时间，约定爸爸必须一起陪同孩子玩足两个小时，再忙再累，也不能放宝宝鸽子。

抓住机会和孩子多聊一聊

平时爸爸不论有多忙，在家的时候就必须忘记工作上的一切，要抓住和孩子在一起的每一秒，多陪孩子玩一玩、说说话。比如，吃饭的时候，给孩子夹菜、问问孩子今天的生活；看电视的时候与孩子一起讨论国家大事，让孩子发表自己的看法；送孩子的时候，给孩子讲一些路上的见闻等。

让孩子了解爸爸的工作

如果爸爸必须长时间地工作，可以试一试请求把一部分工作带到家里做，或者偶尔把孩子带到工作的地方去看看。了解爸爸的工作会有利于孩子的健康成长，而且一旦孩子懂得了爸爸不在家时在做些什么，那么孩子对于爸爸的外出就会更容易接受。

假日是增进感情的好时机

对于孩子来说，妈妈的爱是无人能及的。婴幼儿时期，孩子看到妈妈就会感到安全、满足。妈妈的怀抱也是孩子认为最安全、最温暖的地方。即使长大了，孩子对妈妈也会有一种天然的依恋。俗话说"母子连心"，说的也是这个道理。孩子有了这种安全感，会时刻感到自己不会被抛弃，也才会有信心专注地去探索外面的世界。

妈妈给予孩子深切的爱，以及肉体的紧密接触，是母子间建立基本感情联系的关键。妈妈的眼光、妈妈的声音、妈妈的胸怀以及妈妈的轻抚和拍打，都是母子沟通的桥梁，孩子就是凭借着这种最原始、最基本的情感交流，发展成为对整个人类的爱，并建构自身健全的人格基础。

秦月的妈妈平时工作很忙，需要经常出差，有时一走就是半个月，没有多少时间陪秦月。秦月很小的时候，妈妈一走她就哭，拽着妈妈不让走，后来妈妈为了怕女儿黏着，就偷偷地走。每每这样，小秦月都会哭着找妈妈。

七岁的秦月，有时会因长时间见不到妈妈，对妈妈产生了一些陌生感，感觉像是被妈妈抛弃的孩子，所以也总是郁郁寡欢的。有时看到别的孩子在妈妈身边撒娇时，秦月的眼神中满是羡慕。

渐渐地，秦月不太爱和小朋友们一起玩了，也不爱说话，总是一个人坐在一旁静静待着。即使有时妈妈在家，她也不愿意去与妈妈亲近。

孩子对妈妈的依恋，实际是出于一种本能。对孩子来说，妈妈的怀抱是最温暖、最安全的，而且妈妈也一定要把这种感觉传递给孩子。孩子有了这样的感觉，就会有一个稳定的心理基础，也就不会遇到一点困难就害怕、无助、焦虑，这样的孩子也比较容易适应环境的变化。

相反，如果孩子没有安全感，也就很难有幸福感，而这种缺乏安全感的孩子，通常也无法很好地适应和融入社会。

"和孩子在一起的时光最快乐"，这几乎是所有妈妈的切身体会。但朝九晚五、搏杀职场的妈妈，却往往迫于竞争的压力，无法享受快乐的亲子时间。好不容易等到节假日和休息时间，不少妈妈还因为要加班，或者忙于各种各样的应酬，而不能和孩子在一起。于是，很多妈妈为了补偿孩子，总是等到长假期，对孩子的要求百依百顺，不是拼命买昂贵玩具、贵重用品，就是带孩子去旅游、尽情吃喝玩乐。可这是孩子真正想要的吗？

妈妈是孩子最亲近的人，也是孩子一生中最好的朋友。可由于工作的关系，使得妈妈一年365天里，天天为了生计奔波操劳，而孩子们大部分的时间都要上学，妈妈与孩子之间的沟通越来越少，彼此之间的隔阂也越来越大。这无论对于孩子的成长还是亲子关系的增进都会造成不良的影响。

"千万不要以忙为借口把孩子推给老人，不管多忙，一定要记得和孩子多聊天、多沟通。"这是一次午餐时，隔壁办公室的方玲在总结自己的育儿经验时发出的感慨。方玲说，在她孩子小的时候，她和丈夫因忙于事业，就把孩子送回了老家。他们给孩子创造了很好的物质条件，却忽视了孩子的情感需求。现在孩子大了，他们也上了年纪，当他们想和孩子亲近一点的时候，却痛苦地发现，现在和孩子交流很困难，因为孩子根本不愿和他们沟通。

其实在我们身边，这样的家长有很多。她们平时工作忙，认为自己没时间照顾孩子，因此和孩子缺少沟通是不可避免的。到了假期不是加班，就是忙于应酬，为了补偿孩子，一有机会就拼命给孩子买东西，以物质上的慷慨来表现对孩子的关爱，认为这样可以弥补平时的遗憾，甚至觉得这就是爱孩子的最好方式。这种做法看上去对孩子很好，其实这样做孩子并不喜欢，他们会认为自己在妈妈心中并不重要，妈妈看重的只是钱。

孩子的思想基础是在10岁左右的时候形成的。对于这一时期的孩子来说，10岁是他们思想、行为模式形成的关键时期，因为身体的发育会带来心理的逆反。如果这个时期妈妈对孩子的照顾只停留在物质上，而不能抽出更多的时间陪孩子，彼此之间自然就会缺乏沟通。时间久了，妈妈与孩子之间就会形成隔阂，不但不利于孩子成长，还会使孩子形成逆反心理，那会影响孩子以后的人生走向，甚至会影响孩子的一生。

小薇自己因为工作忙，很少有时间去陪家人，尤其不知道孩子喜欢什么。一次周末，她决定带着孩子去公园玩儿，孩子在旁边和几个同龄小朋友玩耍，自己就坐在了旁边的椅子上，并和其他几个妈妈讨论起了育儿经验。

小薇说："我从和几位妈妈的谈话中了解到，因为现在独生子女特别多，独生子女最大的弱点就是不懂得配合，不懂得如何与人一起完成目标，总是有自我的一面。因此，在回家的路上，我陷入了思考，决定培养一下孩子融入团队的能力。"

第二个周末，正好女儿的同班同学来家里玩儿，小薇故意将所有的玩具都拿出来，几个孩子玩儿得不亦乐乎，将玩具放得哪儿都是，弄得客厅乱七八糟。在他们玩够了之后，小薇要求他们一起将玩具收拾到置物箱中，并且要进行很好的分类。如果谁做得好，就有冰激凌吃。此时，几个孩子便开始分工合作，有的拿布娃娃、有的收拾小动物，最终用了不到20分钟就将所有的玩具整整齐齐地摆放到了置物箱，当然，几个孩子都得到了冰激凌。

平时工作没有时间，假日成了妈妈与孩子交流、增进感情的好时机，妈妈和孩子之间的每一项活动都可能促进或削弱亲子关系，上班族妈妈应该珍惜假日的时间，减少不必要的工作应酬，抓住一切空闲陪伴孩子，加强与孩子的沟通与交流。给孩子讲讲故事、谈谈心，与孩子一起分析一下学习情况，多听听他们的心里话。聊天的时候，妈妈要多问问孩子在学校的生活，比如有什么好朋友，今天有什么开心、不开心的事，让孩子知道你很关心他，很支持他。

另外，还要帮孩子排忧解惑，要用正确的价值观去影响孩子，帮助他们培养健康的情感，学会不计得失。这样，孩子的委屈、怨恨等不良情绪就不会在心中累积。

要知道，你可以把孩子交给老人或保姆代管，但谁也取代不了妈妈在孩子心目中的地位。职场妈妈需要自我反思，看自己是否忽视了孩子的情感需求，是否连假日也不能陪孩子一起度过。与平时的紧张学习时间相比，假日是孩子们休息、放松、接触自然的大好时光，孩子的空闲时间多了，想象的空间也大了。一次户外晚餐、一次郊游，都有助于家庭成员之间的交流和沟通。上班族妈妈应争取一切机会带孩子去增长见识，鼓励孩子发散思维，尊重孩子的意见，这样，将有助于增强孩子的自信心和创造力。

其实，陪伴孩子不是非要等到假期，称职的妈妈，应该懂得"忙里偷闲"地去陪伴孩子，争取多一点时间用在孩子身上。孩子最好的朋友应该是妈妈，如果妈妈能多抽点时间，好好陪孩子玩一天，你就会发现，你获得的将是意想不到的幸福和满足，孩子给予你的那种幸福，是任何东西都取代不了的。

如何帮助孩子认识手足的可贵

在生育二宝之前，家里只有一个宝宝，玩耍、吃饭都是爸爸妈妈陪着，没有同龄人在旁边，孩子看上去显得特别孤单。正是出于这个原因，很多爸妈才下定决心再生个宝宝，这样以后大宝、二宝就能相互陪伴。生了二宝之后，虽然孩子不再孤单了，但是，家有二宝，带来热闹的同时，也带来了一些新的烦恼。因此，爸爸妈妈怎么教孩子互帮互助、相亲相爱，是构建和谐家庭的又一个难题。

如何帮助孩子们快乐相处、减少孩子们之间的矛盾，除了爸爸妈妈的调节监督工作不能少外，更重要的是要教育孩子认识兄弟姐妹的可贵，自觉做到互相关爱。为此，有二宝的家庭可以参考以下建议。

共同进餐

家人共同进餐会增进家庭成员之间的感情，吃饭的时间也是互相交流的好机会。利用吃饭时间聊聊天，交换一下看法和意见，说说笑笑，会让孩子感受到家庭的美好，而这些美好的记忆会增进两个孩子之间的亲切感。当然，家人共同进餐的好处还不止于此。

（1）家人一起进餐能满足孩子的感情需要

餐桌是一家人共聚的最好地方，孩子可以跟父母在一起，在轻松的环境中得到父母的关心。虽然家人一起吃晚饭未必可以解决所有问题，但这样做肯定会有很多好处，而且家人只要付出一点点努力就行了。

如果爸爸每天都尽量回家和孩子吃饭，对孩子们来说，这会是个很宝贵的时刻。两个孩子可以听听爸爸妈妈说说当天发生的事，而如果大宝、二宝间有什么不愉快的事情或想法，也可以趁此向爸爸妈妈提出来。而这些宝贵的回忆，在将来也会成为令孩子们决心以爸爸为榜样跟家人一起吃饭的原因。

（2）家人一起吃饭可帮助孩子生活更平衡、更健康

美国哥伦比亚大学国家毒瘾症及滥用药物中心发现，那些每星期跟家人吃饭大约5次的青少年问题比较少。例如，比较不容易忧虑、无聊或做事提不起精神，而他们在学校的成绩也较好。事实上，家人一起吃饭还可以帮助孩子养成稳定的情绪。如果家人每天都一起吃饭，孩子们会有很多机会畅所欲言。这样，爸爸妈妈就可以知道孩子们都遇到了什么问题。

全家人一起吃饭，甚至可以帮助家人避免养成不良的饮食习惯，而不常跟家人进餐的人患饮食失调症的概率更高。如果家人有一起吃饭的习惯，孩子就会感受到父母的爱护和关怀，一起进餐令孩子觉得家庭很温暖、充满爱心，这样，他们就会在感情上得到满足、感到安全。而这样的家庭氛围，无疑也会对两个孩子之间的感情产生良好的影响。

然而如今，越来越少的家庭会整家人一起进餐。由于生活压力较大，夫妇两人都不得不长时间外出工作，而有两个孩子的父母，经济压力则会更大，他们被迫要花更多的时间挣钱，爸爸妈妈每天生活忙碌，许多人宁可吃快餐，或匆匆忙忙地把食物吞下就算了。还有些爸爸宁愿等到孩子入睡后才回家，因为他们不想在吃饭时看到孩子乱发脾气。有些爸妈会在晚饭前回到家，但却让孩子先吃饭，然后就赶他们上床睡觉，那么夫妻俩就可以安静地进餐。

不过，除了大人忙于工作外，孩子也为许多事忙个不停，例如，参加运动和其他的课外活动。

由于上述的各种情况，家人都有不同的吃饭时间，既然没有机会一起进餐，当然就没有机会交谈，大家只好留下字条，贴在冰箱上。每个人回到家时，就将煮好的食物加热，然后坐在电视机、电脑或游戏机前独自进食，显然这些习惯都会给四口之家带来不和谐的隐患。

解决冲突靠沟通

（1）教孩子分析问题根源

例如，面对两个孩子争玩具的情况，如果爸爸妈妈采用没收玩具的方法，也许能很快制止孩子们的争吵，但或许孩子以后还会因为其他原因，或者其他事情再次争吵起来。所以，关键是要让孩子认识到问题究竟出在哪儿，然后自己想办法解决。

建议爸爸妈妈不妨让孩子们坐在一起，让他们各自说说为何要争吵，这样做的好处在于让孩子能够彼此倾听对方的想法。

爸爸妈妈可以用一些有帮助的问题来引导孩子解决当下的问题，比如："大宝能不能和二宝一起想一个不要吵架也能玩得开心的办法呢？"让孩子自己想办法，互相商量，取得一个一致的解决方法。这样做的好处在于能够让孩子懂得，以后再碰到类似事件该如何解决。

（2）启发孩子想办法解决

如果孩子间起了纷争，爸爸妈妈首先要让孩子说清发生争执的原委。一旦了解了事情的真相，爸爸妈妈可以有针对性地帮助孩子们认识他们之间发生矛盾的原因，尤其是他们各自存在的问题。可以告诉孩子，骂人和踢人都是不友好的表现，不能因为别人先做错了，自己就可以跟着犯错。然后在孩子们都认识到自己的问题后，让他们学会向对方认错、道歉。在这个过程中，爸爸妈妈应多用"你有什么好的主意？""你觉得你们应该怎么做？"等提问的方式，让孩子知道自己有权利也有责任去思考如何解决自己的问题。

（3）鼓励孩子自己解决矛盾

孩子之所以喜欢找成人解决问题，主要是他们不知道怎么和对方沟通。其实，孩子在很多时候都要比成人想象中更懂事，只要父母告诉他们："玩具要大家分享。"或者让受委屈的孩子直接向对方提出"我们应该怎么做"的建议，这样会让他们更自信。下一次，他们也就有勇气和经验自己处理彼此之间的矛盾了。

教导大宝要学会以身作则

在家里，父母应该教导大宝以身作则，努力成为爸妈的得力助手，多做家务劳动；遇事要宽宏大量，不与二宝斤斤计较，更不要因为二宝比自己小，就随意指挥他们干活；当二宝求教或请求帮忙时，应教导大宝耐心帮助并解答二宝的请求。

教导二宝要尊重大宝

父母应该教导二宝学会尊重大宝，不能有"我比你小，你应该让着我"的优越感，更不能骄慢无礼、为所欲为、不为他人着想。当二宝与大宝发生争执时，不能利用自己的得宠地位到爸爸妈妈面前去"告状"，以免加深兄弟姐妹间的隔阂。

总之，兄弟姐妹之间要相互谦让，彼此爱护；长爱幼，幼尊长，情同手足，才能共同创造温馨祥和的四口之家。

工作和做"孩奴"都快乐

一个孩子"消灭"一座房子！年轻的80后夫妻继"房奴""卡奴""车奴"之后，又以龙卷风般的速度，沦为"孩奴"和"上班奴"。上班族妈妈真的很恐慌，眼瞅着自己还未脱离"幼稚的孩子"，可是瘦削的肩膀上已经压下来千斤重担。不敢失业、不敢生病、不敢辞职、不敢出去旅游……

"我现在的这个阶段，叫作疲于奔命！"一个上班族妈妈叹息说。她一大清早，给孩子冲奶粉、洗刷奶瓶，洗尿布、洗衣服、做饭，在忙完这一系列的事情之后，她匆匆赶地铁，要在这个"罐头瓶"里待一个小时，在严重缺氧的状态下，匆匆迈进公司大门。然后一刻也不敢休息，神速投入工作状态中，一天下来，筋疲力尽。回到家中，又是一阵忙乱，晚上10点，孩子入睡，可她不能睡，要看书、要充电，就为了保住工作。什么梦想、希望与意义，全都被活生生的现实剥掉一层皮。

妈妈是影响家庭是否快乐幸福的主要人物，只有快乐的妈妈，才能造就出快乐的孩子，才能让孩子感受到被幸福满满地包围。要想让孩子快乐，妈妈自己首先就要做一个快乐的人。

一个孩子对小伙伴说："我不快乐，我没有高兴的事。"这句话落入正在阳台搭衣服的妈妈耳中，她不由得打了个寒战。

之前，曾经的闺密对她说："你家孩子为什么看上去总是闷闷不乐？是不是你工作太忙了，忽略了他？"当时这位妈妈只是一笑了之，心想，小孩子哪懂什么快乐不快乐的。家里堆积如山的玩具、电脑、游戏机、名牌衣服，他还是麦当劳、肯德基的小常客……如果这些还不叫快乐，那什么才叫快乐？

而今，她听到孩子的话，心里怎么也无法平静下来。她向在外地出差的丈夫抱怨："我一个人既要上班，又要照顾孩子，好辛苦。你总是帮不上忙，你知道今天孩子说什么了吗？"接着这位妈妈把孩子的话叙述给丈夫听。丈夫听了，却笑着说："我怎么倒觉得我儿子的话这么耳熟呢！好像从哪听过。"这位妈妈突然反应过来，这不就是自己一贯的口头禅吗？总是习惯向朋友、家人抱怨生活太苦，上班太累，孩子太令人操心……

原来是自己不经意间把不快乐的心情传染给了孩子，一个整日不高兴的母亲，怎么会培养出一个有幸福感的孩子！

事实就是如此，妈妈的负面情绪直接影响孩子的情绪健康。

做"孩奴"的确会让上班族妈妈们失去一些东西，但是孩子也给妈妈们带来了意想不到的快乐。上班族妈妈，你何不将心态修葺一番，好好感受当下的快乐？

上班族妈妈完全可以换种心态来生活，养育孩子与好好工作并不矛盾，孩子是动力，是奋斗的意义。看着孩子从呱呱落地，到第一次开口叫你"妈妈"，妈妈见证着他的点滴成长，这是件多么幸福的事。自己为了孩子，努力工作、打拼生活，这又是何等的惬意。事实上，你哪里还有时间去抱怨呢，每天的日子虽然平淡，但却裹着甜甜的味道，你总要细细品味。

孩子就是福星，他会在逼着你奋斗的同时，让你学会经营人生。有了孩子，自然感觉经济压力大，你感慨"不敢失业，不敢生病，不敢辞职，不敢出去旅游，不敢胡乱挥霍……"这也是一件好事，你没发现吗？因为不敢生病，所以你注重锻炼，吃绿色环保食物，体质变好；因为不敢辞职，所以你努力工作，逼着自己去挑战，去奋斗，因此得到提拔，得到更多机会。因为不敢出去旅游，不敢胡乱挥霍，所以你学会了储蓄，学会了理财，也更学会了挣钱。这些是孩子带给你的礼物！

很多妈妈自上班第一天起，就有了一种"愧疚情结"。尤其是每天早上要出门上班时，孩子舍不得让妈妈走，看着孩子仰着一张满是泪水的小脸，眼神里是"妈妈别走"的渴求，妈妈的心恐怕都要碎了。这时候，是妈妈最觉得愧对孩子的时候。如果妈妈的工作需要加班，回家晚，或者需要出差，好些日子才能见到孩子，妈妈的愧疚感更深！可是因为生活，立即辞掉工作，做一个全职妈妈，对于一部分妈妈来说，似乎也不现实。

"愧疚情结"会使妈妈变得敏感、自责。在教育孩子的问题上，稍有大意，便念念不忘。比如忘了及时给孩子热奶，买零食；由于一时疏忽，孩子碰到了桌子上……妈妈便觉得对不住孩子。其实妈妈在孩子面前表现得越愧疚，越想弥补对孩子的爱，孩子就会越任性，越依赖妈妈，久久不能独立。

妈妈要学会收起这种内心的挣扎，别太苛求做一个完美妈妈。每当有"愧疚感"袭来时，你可以尝试这样做：

找出自己外出工作的原因，先确认选择的正确性

你要明白到底是什么原因，让你告别全职妈妈再次踏入职场的。这些因素可能是热爱工作、需要经济来源、想发展属于自己的事业、想为孩子树立一个好榜样、个性上不适合做全职妈妈……只有确认你当初的选择是正确的，你才会为自己找到开心工作的理由。

别钻牛角尖，换个角度看事情

妈妈别总是钻牛角尖，不然的话，你内心会愧疚满满，"对不住孩子"的想法就会像恶魔一样盘旋在你的脑子里。你可以试着这样想："我在家的话，肯定总是看着孩子，这也要管，那也要管，反而让孩子不自由、有压力。而我踏踏实实上班，倒也是件好事情，距离产生美。还有，专职带孩子累，但没效率，我上班，也是趁机喘口气，下了班反而更珍惜陪伴孩子的机会。这样看来，上班倒是好事情！"

妈妈自己要有主见，莫听他人七嘴八舌

谁都难免被人议论，可能有人会说："你看看她，为了工作，连孩子都快不管了，多没责任感啊！"听到这些，你心里肯定不舒服。不过，何必计较呢，倒不如把生气的时间用来陪伴宝宝呢。

拒做"长假妈妈"和"物质妈妈"

"我太忙"是很多职场妈妈的口头禅。由于"忙"，她们几乎很少在家做饭，每天还得加班、应酬客户，往往回到家已经是晚上10点之后了。她们是典型的"出得了厅堂，入不了厨房"。平日里，她们根本就挤不出时间来照顾孩子，于是把孩子送到娘家、婆家，甚至把孩子放进寄宿制学校，直接交给老师了事。

其实，妈妈之所以这么忙，也是为了孩子，想好好工作多挣钱，让孩子过上更好的生活。可是这样一来，妈妈就成了"长假妈妈"，孩子只有周末才能看到妈妈，其余的时候，只能眼巴巴羡慕别的孩子有爸爸妈妈陪在身边。

当然，天下的妈妈没有不爱孩子的，与孩子聚少离多，妈妈心里自然难受，觉得自己没有好好尽母亲的责任，怎么办呢？多数上班妈妈会选择在当"长假妈妈"的同时，也做一个"物质妈妈"，即孩子要什么，就给买什么。

朵朵妈妈就是一位"长假妈妈"+"物质妈妈"的。她和丈夫的工作都是销售，经常需要出差，晚上的时间也多花在应酬上，所以他们只能把朵朵放到爷爷奶奶家里，周末的时候再把朵朵接回自己家。

一到了周末这两天，朵朵的妈妈倾尽全力，帮朵朵洗澡、陪她游戏，给她买各种各样的东西，芭比娃娃、花园宝宝、《不一样的卡梅拉》系列读物、购物广告上的各种小零食……她只不过想用这短短的两天时间来弥补不在孩子身边的那些日子。

不过，相比爸爸妈妈，朵朵更愿意和爷爷奶奶在一起，四岁的她，虽然渴望像别的小孩子那样，和爸爸妈妈在一起，可是一见到爸爸妈妈，一种生疏感油然而生。

朵朵妈妈看得出来女儿并不喜欢他们，对他们一点儿也不满意。一天，她向同事抱怨孩子不接受她，同事颇有同感，也说出了自己的故事：

"你们都是本地人还好了，我和跳跳他爸都是外地人，更不容易，孩子六个月大时，我们把他送回了湖北老家。我们每年过年才回家，每年和儿子在一起的时间，也就是年假那几天。儿子总是躲到爷爷奶奶的身后用陌生的眼光看着我，甚至连"爸爸妈妈"都不肯叫，晚上也不让我和他爸哄他入睡。几天之后，他好不容易和我们熟悉了，但我们马上又要踏上南行的列车。爷爷奶奶一些不好的生活习惯也影响了儿子，如随地吐痰、衣着邋遢等，我真担心儿子会养成这些坏习惯。我们心里不好受，经常买各种名牌的衣服、鞋子、玩具给儿子寄回去，听他爷爷奶奶说，他收到东西很高兴，只有这时候，我们才觉得能给孩子带来些快乐。"

不可否认，"长假妈妈"和"物质妈妈"有迫不得已的苦衷，她们希望能通过自己奋斗得来的金钱，让孩子过上更优越的生活。但以物质来补偿缺失的爱，显然不是一种好方法。孩子们会认为，父母最看重的是钱，不是自己。与此同时，他们也会不自觉地把物质看作是至高无上的。并且0~6岁是孩子正常依恋心理产生的时期，妈妈如果很少与孩子接触，那么孩子这种依恋心理就会缺失，容易出现多动症、孤独症等心理疾病，等父母发现就为时已晚。

把满足孩子的情感需求放在第一位

很多家长反映："现在的孩子们比我们小时候冷漠、残酷。"为什么呢？

因为我们太忙了，忙于打拼、忙于开拓事业，所以，给他们的关爱就少了些，他们在成长过程中情感开始变得冷漠。孩子的错都是父母的错，这点一定要注意。

如果妈妈工作真的很忙，在不能陪伴孩子的时候最好先跟孩子讲明，你不妨告诉孩子："妈妈真的好想陪你一起做游戏、一起读书、一起散步，可妈妈有非常重要的事情去做，等妈妈忙完后，咱们一起去玩好吗？"

最好不要用物质来作为爱的补偿，你可以通过电话或是录音的方式跟孩子沟通，告诉孩子自己现在正在忙些什么事情，要让孩子知道无论何时，妈妈都在惦记着他。哪怕他睡着了，第二天也要告诉他，妈妈看你睡得好熟就没打扰你，但妈妈真的很爱你。

❀✿❀✿❀✿❀✿

认识自己，才有做好母亲的资本

著名的心理学家马斯洛认为，人都有一种爱与归属的需要，尤其是女性，到了一定年龄的时候就会产生想爱一个人、想成家的感觉。当自己成家的需求得到满足之后，自然就会产生要一个孩子的需求，只有当了母亲才会让她的母性情怀得到极大的释放。但是马斯洛又提醒想要做母亲的女性，必须要认清楚自己，只有认识了自己的母亲心理才是健康的，才有做好母亲的资本。

妈妈们学会认识自己也是很重要的。认识了自己就好像多了一双睿智的眼睛，时时给自己添一点远见、一点清醒、一点对现实更为透彻的体察与认知。

然而，妈妈要想认识自己，又谈何容易？一辈子不认识自己而做出了可悲之事的大有人在。在今天，还有一部分妈妈正是由于不认识自己，不了解自己的优点和缺点，不能把自身的教育方式和当下教育现状相结合。在教育实践中屡屡受挫，终日在悲观失望中叹息。因此，要做一个心理健康的妈妈首先要认识自己。

对于有些妈妈来说，自己是什么样的人，由于平时没有一个好的参照标准来认识自己。作为妈妈，自己也不知道，哪些事情是做得好的，哪些事情是做得不好的。由于自己对自己的认识不够，在教育孩子的过程中，以至于自己做了傻事情，伤害了孩子，自己还悄然不知。

作为一位心理健康的妈妈，请你先好好认识自己吧！也许你不善言谈，但是你却能给孩子和家人及时的关爱；也许你不善绘画，不善歌也不善舞，不能亲自把这些才艺传达给你的孩子，但是你却有很高的艺术鉴赏能力，能给孩子艺术上的熏陶；也许你的自我控制力不是很强，面对孩子的过错，你总是会发脾气，但是你却能及时向孩子道歉，把伤害降低到最小限度……认识自己，哪怕看到的是缺点也没有关系，至少你知道应该怎样去弥补和挽救。如果能扬长避短，你就能成为一个优秀的妈妈。

我们可以通过以下三种渠道来认识自我：

从自己和他人的交往中认识自我

与他人的交往，是个人获得自我认识的重要来源，他人是反映自我的镜子。从与朋友和其他妈妈的交往中对照别人，反观自己。查看作为妈妈自身的教育方式是否能适应孩子成长需要，从与别人的交往中，用心向别人学习，获得足够的经验，然后按照自己的需要去规划自己的教育计划。但是，在与他人的交往中认识自己也要注意一些问题：

第一，在交往中跟人比较，是我们做事的条件还是我们做事的结果？当你去参加一次家长培训课时，你进去的时候就觉得自己的教育知识不够丰富，害怕专家对自己进行提问，害怕自己在其他家长面前出丑，然后在听课的时候就会不专注，结果交了学费，而什么也没学到，这是得不偿失的。参加培训，那说明你明白自己跟别人的差距，没必要为此劳神，只要在培训后能有收获就可以。

第二，跟他人比较的标准是可变的还是不可变的？有的妈妈经常认为自己不如他人，她们关注的常常只是别人的家庭背景等不能改变的先天条件，对于大多数人来说，这些条件是很难改变的，是没有实际比较意义的；你需要找到可以改变的标准进行比较，比如在能力上或者素养上。

第三，和什么样的人相比较？跟比自己强的人比，才能提高做妈妈的修养和素质，跟不如自己的人比，就会让自己产生自满的情绪，会打消自己的积极性。所以，确立合理的比较对象对自我的认识尤为重要。

从"我"与事的关系认识自我

从"我"与事的关系认识自我，即从做事的经验中了解自己。我们可以通过自己在家庭教育实践中所做过的事、所取得的成果、所犯过的错误看到自己身上的优缺点。对那些聪明的妈妈来说，成功、失败的经验都可以促使她们培养出优秀的孩子，因为她们了解自己，有坚强的品格特征，又善于学习，因而可以避免重蹈失败的覆辙；而对于某些比较脆弱的妈妈，因为只看到失败反映出的负面因素，而更使其失败，甚至陷入不断失败的恶性循环，这也是常见的现象。因为她们不能从失败中得到教训，改变教育方式去更好地教育孩子，而且挫败后形成害怕失败的心理，不敢去应对在教育孩子中出现的困境或挑战，甚至失去培养孩子优秀的有利时机；而对于一些自大的妈妈而言，成功反而可能成为失败之源。她可能因为一个阶段的教育成功便骄傲自大，以后做事便自不量力，往往遭受更多的失败，这样的妈妈不明白教育是一项长期的任务。

从"我与自己的关系中认识自我"

从我与自己的关系中认识自我看似容易，其实做到这一点是非常困难的。妈妈们可以从以下几个角度去试着认识自己：

第一，自己眼中的我。个人眼中观察到的客观的我，包括身体、容貌、性格、气质、能力等。

第二，自己感觉的我。女性是很敏感的。不管是与孩子，还是与其他的朋友的交往中，从别人对自己的态度中要认识自己，看看自己是一个能给别人带来痛苦还是快乐的人，能让别人感觉到希望还是失望的人等；从他人对自己的反应中归纳出自己。

第三，自己心中的我，也指自己对自己的期待，即理想中的我。我们可以通过自己眼中的我、别人眼中的我、自己心中的我，这三个我的比较分析来全面认识自己，进而完善自己。让自己成为一个合格的，甚至更优秀的母亲。

总之，能正确认识自我的妈妈才是一个心理健康的妈妈，能正确认识自我的妈妈才能在教育孩子的过程中扬长避短，给孩子一个较优越的成长环境，也才会把优秀当作一种习惯，为培养出一个身心健康的孩子奠定基础。

❀❀❀❀❀❀❀

学会包容，家和万事兴

《礼记》中有"父子笃，兄弟睦，夫妇和，家之肥也"的说法，说的是"家和万事兴"的道理。对于中国人而言，和睦的家庭环境是一笔巨大的财富。家人互敬互爱，相互理解与体谅，宽容仁爱而不自私狭隘，日子过得和和美美，自然就能不断走向"万事兴"。

老话常说："十年修得同船渡，百年修得共枕眠。"人们将组成家庭视为一种极为珍贵的缘分，这种缘分美好而单纯，可它又十分脆弱，时刻需要人们的细心呵护。

早在两千多年前，孔子就提出儒家"和而不同"的思想、"和为贵"的原则，这些思想中的"和"字，充满了智慧，它包含了理解与体谅。

老王是小镇上方圆百里的大名人，他子孙满堂，一团和气。

老王不是本地人，他是晚清时期逃荒才来到这个小镇上的。那时他还不到12岁，可怜巴巴的，当地赵善人收留了他。他18岁的时候和同来逃荒的一个女人结了婚，后来生了7男2女。老王带着妻子儿女开垦荒山，放羊养牛，生活慢慢好了起来，有了几十头牛犊和百亩耕地，还盖了8间新瓦房。

他的9个孩子个个孔武有力，而且能识文断字，孩子们之间相处和睦，同外人交往通情达理。当地的村民煞是羡慕，尤其那些家庭关系紧张的村民，更加羡慕。有好事的村民悄悄打听到一个秘密：老王是有来头的，他本来是关东一个大户人家的少爷，老王的父亲生意遍布天南海北，他是父亲最小的孩子，也是最招父亲疼爱的。就在老王父亲的生意做得顺风顺水的时候，八国联军入侵了，他父亲就收了生意养老。可是一闲下来，他父亲的身体越来越差，老王的9个哥哥因为疏于管教，也一个个好吃懒做、吃喝嫖赌，回到老家的父亲看着一个个不成材的孩子，总是忍不住动气，终于在老王10岁时就撒手归西。父亲很喜爱当时的老王，就立遗嘱给他家产的1/4。可老爷子一走，哪还由得了遗嘱啊，哥哥们都忙着争夺那庞大的家产呢。他们钩心斗角，明争暗斗，其中5个哥哥被害死了，另外4个，想争夺更多的份额，就把目标对准了老王和他的母亲四太太。四太太在争夺中不堪受辱，上吊自杀了，撇下孤零零的老王。眼看着老王也要被几个哥哥加害，他的私塾老师偷偷给了他点盘缠，让他到外面投奔亲戚。老王没有找到亲戚，但很幸运地来到了这个小镇，渐渐安顿下来。老王目睹了一个大家族因为彼此的贪婪与缺乏互相体谅而衰败的场景，所以就把治家放在了第一位。他经常给孩子灌输家和的重要性，每个孩子到8岁时都要讲家族史，然后要拿出一根筷子折，又拿出一把筷子折，让他们体会团结和睦的力量。

说来也怪，老王的几个儿子找的媳妇，有大户人家的，有贫穷家庭的，有温柔的也有倔强的，但到了这个家都变得知书达理，30多口人的家庭总能和睦相处，他的儿子们勤劳本分，与人相处，容人让人，也有一技之长。老王这个外来户在当地享有很高的声誉，成了当地人教育孩子的典范。

俗话说得好："家家有本难念的经。"每个家庭都会有避免不了的争吵。其实，有时候有些矛盾的发生是必然的，因为存在不和谐的因素。当遇到矛盾时，我们要做的不是逃避，也不是激烈的争吵，而是以和谐的姿态，换位思考，相互理解，相互宽容，这才是齐家的根本智慧。

小红的奶奶有两个孩子，也就是她的爸爸和姑姑。姑姑家过得紧巴巴的，总让奶奶惦记。

一天中午，父母休息了，奶奶装好两个西瓜悄声对小红说："别让你娘知道，赶紧把这两个西瓜给你姑姑送去。"姑姑家离小红家很近，小红一溜儿小跑来到姑姑家。

姑姑看到西瓜很高兴，赶忙接了过来。突然间想起什么来似的，问小红："这事你娘知道不？"小红说："放心吧，姑姑，我娘不知道。"姑姑笑了笑，说："一会儿我跟你一块回去，正好看看你奶奶。"

姑姑把两个西瓜重新放好，又装了些别的东西就跟小红一块回去了。到了家，姑姑立刻递上口袋说："咱娘越来越糊涂了，背着你让小孩给我送西瓜，我这是专门给你说清楚来了。"

小红母亲说："嗐，我当多大的事呢，送去就吃呗，西瓜能多金贵啊。"

姑姑说："西瓜不值钱，可这事这样办不好，咱娘老了，糊涂了，你别往心里去啊。"

小红母亲也笑起来，"咱娘就你一个闺女，不疼你疼谁啊！我才不会争哩。妹子，你坐，我给你倒水去。"

小红母亲一离开，姑姑就对小红奶奶说："娘，你别老这样！时间长了，嫂子怎么看待我？"

小红母亲进来，说："妹子，你来了就给娘脸色看，不知道的还以为我这个嫂子多不懂事呢。"说得姑姑也笑了。

就这样，一场看似要起的风波，在三个普普通通的家庭妇女的说说笑笑中就无影无踪了。

故事里的这三个女人是如此聪明，也许她们没读过什么书，也没有圣贤的教导。有的只是对生活的深刻理解和对人生的体悟。她们相处的法宝是"和为贵"。凡事只要讲一个"和"字，便能站在对方的角度，理解包容对方。

"以和为贵"是中国文化的优秀传统和重大特征。如佛、道、墨诸家，也大都主张人与人之间、族群与族群之间的"和"。佛教反对杀生，主张与世无争；道家倡导"不争"，以"慈""俭""不敢为天下先"为"三宝"；墨家主张"兼相爱，交相利"，尤为反对战争。荀子甚至把是否"和"作为世间万物生与死的关键；孟子则有"天时不如地利，地利不如人和"的著名论断，这些思想至今仍闪烁着哲理的光辉。

中国人处世性格的显著特征是"和"，它的立足点在于相互理解与体谅。在中国古代的经典论述中，"和"的基本含义是和谐、调和。

古人重视宇宙自然的和谐、人与自然的和谐，更注重一个家庭中人与人之间的和谐。

在一个家庭中，或者一个企业中，甚至是一个国家里，要做到以和为贵。家和，万事才能兴。家人之间最重要的是理解。理解，是一种品质修养。它主要涉及对不同观点和不同意见的自制和忍让，也包括对冲突双方的体谅。理解会使人生得到升华，在升华中找到平静，在平静中得到幸福。

一个家庭，成员越多，就越需要一种核心凝聚力——理解。理解万岁，因此想要家和一定要先学会互相理解。这就像一个强大的磁场，把每个家庭成员都牢牢地吸住。将这种以和为贵的思想一直传承下去，这个家庭就会生生不息，欣欣向荣。

清官还难断家务事呢，每个人都有自己的立场和出发点，公说公有理，婆说婆有理。但要知道，家里是讲情的地方，而不是讲理的地方。每个家庭都会出现大大小小的矛盾，大到家里添置大件，孩子上学、就业，小到洗衣做饭等，今天这个问题解决了，明天那个矛盾又出现了，想要完全没有矛盾几乎是不可能的。这是因为每个人所接受的教育程度及自身修养的不同，其世界观和道德观也不可能完全相同，最终对待一个问题的认识和决策也不可能是完全一致的。所以，在家里，不要总是纠缠于"孰是孰非"，因为这点永远都纠缠不清。而事实上，在因爱而建立起来的家庭关系中，能有什么深仇大恨？又会有多少不可宽恕的错呢？

家庭一旦产生矛盾。处理得好，就皆大欢喜；处理不好，夫妻之间、父母与子女之间互不理睬，甚至闹得夫妻离异、父母与子女老死不相往来的事情屡见不鲜。那么如何处理这些家庭矛盾呢？

首先是要放下那些不该有的要求。即使亲密如家人，也没有谁有责任和义务一定要为你做某些事。没有谁规定父母的财产一定要留给子女、公婆必须给媳妇带孩子，也没有谁规定丈夫必须让妻儿住上好房子。如果家人给你做了这些事，你要心存感恩；如果没有，那也要坦然地说："我能理解。"即使是家人，收下他们为你所做的一切也要懂得说声"谢谢"，没有做也要坦然，放下你那些非分的要求。其实生活所能给我们的，往往比我们想象的要多得多。

其次是要沟通与交流。家人之间的矛盾都不是什么原则问题，都只是一些谁浪费、谁懒惰了、谁天天洗头了等鸡毛蒜皮的小事，真正在家庭中的大是大非问题上不一定会有什么矛盾。其实这些区区小事只要心平气和地坐下来好好交流，说开就完事了。家庭矛盾就像电脑系统的漏洞似的，要及时弥合，千万不可积攒太多，否则最后修补不过来，只能全面崩溃。

最后是要有一个宽容的心态。人非圣贤，孰能无过？我们都有可能犯这样或那样的错误，没有谁能永远正确。所以，以一个宽容的心态去对待家人和家里的事物，看开所有的问题，矛盾也就相对少得多。

对家人多一些理解，少一些怨恨；多一些感恩，少一些指责，我们的日子就会过得舒坦许多。我们无法选择家人，但可以选择如何对待他们。

✿✿✿✿✿✿✿✿

第七课

家有二孩，
女孩养气质，男孩养志气

✿❀✿❀

　　很多二孩家庭"儿女双全"。虽然男孩、女孩都是父母的宝贝，但在语言与行为上毕竟存在着不同，这些差异主要体现在后天的学习、生活等各个方面上。

　　如果女孩能接受良好的教育，就有机会成为有修养、有气质的女人；而对男孩来讲，适当的挫折教育也许比完全的表扬教育更有效果，磨砺将成为男人一生的财富。

　　但是，很多父母往往用同一个标准去教育不同性别的孩子，所以效果不佳，希望二孩父母懂得，性别的不同，造就了孩子不同的特质，不同特质的孩子需要用不同的教育方法来培养。

一点一滴，培养女孩优雅举止

因为家里有了二宝，往往，女孩会被哥哥或者弟弟，带得像男孩一样好动、淘气，处处尽显如男孩一般的阳刚之气。诚然，这是一件让二宝妈妈感到头疼的事情。如果妈妈顺其自然，那孩子势必会变得日益失去女孩的风范。而如果严加管束，那孩子的天性又极有可能会被扼杀。

哲学家培根有句名言："相貌的美高于色泽的美，而秀雅合适的动作美又高于相貌的美，这是美的精华。"对女性来说，美丽的容貌固然能够为其加分不少，但是高雅的气质，则更能凸显女性的美。优雅得体的举止，是女性气质的一种表现形式，也为女性的魅力筹码。无论是一举手、一投足、一低眉、一颔首，都能在无声无息中展现出一个女人的个人气质和内涵，是女人在平凡之中的个人展现。

女性优雅的举止也是人际交往中最美丽的名片，塞缪尔·斯迈尔斯说："友善的言行、得体的举止、优雅的风度，这些都是走进他人心灵的通行证。"一个举止优雅的女人，往往更容易受到注视和欢迎。

女性能够拥有优雅的举止大多源自其幼年时父母的引导。女孩只有从小养成举止优雅的好习惯，才能最终成为一位气质出众、举止得体的女子。所以，父母要从女儿小时候就注重她的举止，使女孩形成良好的举止习惯。

妈妈应明白，优雅的举止将为长大后的女孩带来无穷的魅力。但在现实生活中，很多性格外向的女孩，却给父母带来了众多关于"举止优雅"教育的挑战。

那么，身为妈妈，我们应如何约束自己女儿不当的言行，一点一滴地培养起女孩优雅得体的举止呢？

父母要注意自己的言行举止，为女儿做好榜样

父母在生活中，也要时刻注意自己的言行。父母怎样穿着打扮、怎样同其他人谈话、如何评价别人、怎样对待朋友等，所有这些都会被女儿模仿。尤其母亲的行为举止，更是女儿成长中的典范。父母一定要尽早规避自己行为举止上的错误，同时还要尽早为女儿的行为举止做出规范，让女儿自己意识到美的行为对自身的重要性。

让女孩注意站立的姿势

站姿一定要挺拔，抬头挺胸收腹，这是最起码的站姿。不管在哪里、哪种场合，只要是站就要保持这种形态，保持下来就会形成一种习惯。而且，这对于成长中的女孩子的身体塑形也很重要。告诉你的女儿，站立时身体要直立、挺胸收腹、脚尖稍向外呈V形，切不可无精打采、缩脖、耸肩、塌腰。在正式场合中，更不能双手叉腰或将双臂环抱于胸前。

让女孩做到坐姿优雅

在女孩坐着时，父母要让她做到身要正，双腿并拢向左或向右侧放，最好不要跷二郎腿。当然，坐姿要求端正挺直而不死板僵硬，不能半躺半坐，双手要自然放在膝上或扶手上，两腿间距与肩同宽，两腿自然下垂即可，切忌两腿分开。

女孩走路时，要端正优雅

让你的女儿明白，挺胸收腹是最基本的姿势，但同时也要走得自然、目不斜视，不要急步流星，也不要畏首畏尾，要不快不慢、稳稳当当。

让女孩注意出入次序

教会女儿尊敬长者。让你的女儿明白，请长者先出门、为他们提供茶点、保证他们坐得舒适等，这些都是尊敬长者的标志。

教女孩学会餐桌礼仪

让女孩保持坐姿良好，正确使用餐具。请别人先取用食物，如需取食搁放较远的食物，要注意礼貌。自己喜欢的食物也不要多取。无论在什么地方，用餐之后记得道谢。

让女孩的行为举止更文明优雅，并不是要将女孩培养成柔弱的"寄生虫"，也不是压迫女孩的个性发展。她可以爽朗率性如"凤辣子"，却不能举止粗野如"拼命三郎"。之所以要塑造女孩的文明举止，并不是期望女孩在性格上有所转变，也不是企图让所有的女孩都文静，而是要求女孩注意自己的形象，不要忸怩羞怯，不要行为放浪，更不要看不起别人，也不要看不起自己。一个女孩只要能够表现得自然从容，没有不雅的动作，就会受到别人的欢迎和尊重。

以身作则，培养女儿的温柔

很多时候，我们都会用"温柔"来形容一个女孩。可以说，温柔是女孩独有的一种气质，是一种修养，更是一种智慧。温柔的女孩就像一杯清茶，给人一种温暖、淡雅的感觉，让人很舒服。

然而，有的女孩却丧失了温柔的天性，性格越来越中性化，甚至比男孩都显得强势。而女孩之所以会变得如此强势，与她从小接受的教育密切相关。

晓月有一个大她5岁的哥哥，平时因为哥哥对她百依百顺，满足她的所有要求。于是晓月就像一个"刁蛮公主"，稍微有一点儿不如意的地方，就大哭大闹。别的小朋友只要有一点儿让她不高兴的地方，她就大喊"哥哥"，妈妈对此也没多干涉，还觉得有哥哥帮着照顾妹妹很省心。

结果上学后，晓月很强势、霸道，周围的人必须听从她的安排，如果不听的话，她就会哭闹，直到达到自己的目的为止。才上小学，妈妈就因为晓月的任性闹事，被叫去学校很多次，这下，妈妈才发现"是不是平时哥哥对她保护得太周到了？"

温柔，通常用来形容人的性情温顺体贴。那是一种能力，自私冷酷的人无论如何也学不会的；那是一种素质，它总是自然地流露，与人性同在，藏不住也装不出。温柔是一种感觉，是所有美丽的言辞也替代不了的感觉。温柔更是上天赋予女孩最美好的特质之一，缺失了这种特质，女孩就缺失了身为一名女性应有的美丽元素。温柔使女孩如水般从容谦和，是女孩走向成功的重要因素之一。虽说女人天生就应该是温柔的，但这也离不开后天的培养。

白莹是小学四年级的学生，最近她有很多烦心事，因为她发现大家都不太喜欢跟她玩。她觉得自己是个开朗的人，而且学习成绩也不错，但就是不知怎么回事，人缘不是太好。

她也尝试着主动示好，甚至主动跟大家说话，可是收效甚微，于是变得越来越孤僻，不喜欢和人交流，甚至不愿意上学了。

白莹的妈妈得知这个情况后，决定去学校找老师沟通一下，看到底是哪里出了问题。和老师沟通后，白莹的妈妈利用课间十分钟的时间做了一个调查，她发现很多同学都觉得白莹太凶了，大家不想和她做朋友。白莹的妈妈得知这个情况后非常吃惊，于是她和老师协商沟通后搞了一次画画比赛，要求大家画出自己最想和谁做朋友和最不想和谁做朋友，分别用一句话说明。

当白莹的妈妈拿到小朋友的画时，大家居然一致不愿意和白莹做朋友，有的小朋友画的是白莹抢别人的玩具，有的画的是凶巴巴骂人的白莹，还有人画的是欺负小伙伴的白莹。白莹妈妈看到这些后，觉得应该好好告诉孩子，大家都喜欢和温柔的人做朋友。

于是，白莹的妈妈给白莹讲《刁蛮公主改坏脾气》的故事，通过这个故事提醒她，大家都不喜欢坏脾气的公主，并鼓励她开始学会微笑。每天早上，妈妈会微笑着给她一个拥抱，道早安，并要求她以同样的方式去和同学道早安。

在妈妈和老师以及同学的帮助下，白莹收起了坏脾气，变得越来越温柔，大家也越来越喜欢和她做朋友了。

妈妈要以身作则

随着时代的进步、女性独立意识的增强，越来越多的女性走向社会，在职场中也出现了越来越多的女强人。与此同时，有的女性丢失了女人身上一种很珍贵的气质——温柔。

当然，作为新一代的女性，我们需要独立，需要在社会上发展属于自己的事业。但是，作为妻子，作为妈妈，我们需要保持温柔的天性，让家人感受到家庭的温暖。而且，在母亲的影响下，女孩也会向母亲学习，从而变成一个温柔的女性。

无论是从外表还是从内心，我们都要保持温柔。比如，言谈举止要柔和，多选择一些展现女性柔美特点的衣服来装扮自己。同时，我们也要时刻提醒自己：我要做一位好妈妈，把温柔的一面展现出来。

培养女孩柔和的性格

我们要想让女孩真正变得温柔，就要培养她柔和的性格，让她无论从态度上还是行为上都展现出温柔的特性。当然，我们对女孩柔和性格的培养，并不需要刻意地训练，只需要在平日里多加引导和提醒。

比如，在女孩与他人相处的过程中，我们要教她保持微笑，态度要柔和，说话要保持平和的语气、平缓的语速、适中的音量，动作要大方不扭捏。慢慢地，女孩的性格自然就会变得柔和，气质也就会变得温柔。

卢梭说过："女人最重要的品质是温柔。"温柔之美是女性美的最基本特征之一。在日常生活中，我们常常听到对女人这样的赞美："这个不怎么漂亮的女人，却有一种说不出来的特别气质和魅力!"其实，大家看到的是女性身上的温柔之力。温柔的女性像绵绵细雨，润物于无声，总是给人以温馨柔美之感，令人心荡神驰、回味绵长，这就是温柔的魅力。无论在什么情况下，温柔的女人都显得极具人情味儿，能够化解别人的种种无奈和痛苦，使对方充满喧嚣的心灵变得宁静、自信，从而获得对方的好感。

可见，温柔对女人来说是多么重要的品质。它不仅对女人自身有益，还能影响下一代。因此，家有一男一女的二孩妈妈，尤其应该培养女孩温柔的特质。

✿✿✿✿✿✿✿

"小公主"不能没主见

传统观念认为"女孩是需要保护的，更是娇嫩的象征"。因此，很多家长都不愿意让自己的"小公主"受一点苦，经受任何牵绊或者磨难。尤其二宝是女孩的话，更是会被宠上了天。妈妈替孩子做决定，帮助孩子解决各种困难和问题。殊不知，正是这种"爱"吞噬了女孩的独立、自信、潜力等，从而使女孩成为别人思想的跟随者。一旦遇到问题，女孩只会向他人求助，丝毫没有自己的主见。

激烈的社会竞争致使男女同工同酬，但在更多的时候，更需要女孩独立完成任务，甚至单枪匹马"应敌"。

著名的撒切尔夫人本名玛格丽特·希达尔·撒切尔，1979年5月，她作为英国首位女首相迁入唐宁街10号时说："我的一切成就都归功于我父亲对我的教育和培养。"

玛格丽特的父亲罗伯茨是英国小城的一家杂货店店主。在玛格丽特5岁生日那天，父亲把她叫到跟前，对她说："孩子你要记住：凡事要有自己的主见，用自己的大脑来判断事物的是非，千万不要人云亦云。"从此，罗伯茨着意把女儿培养成一个坚强独立的孩子，当她7岁时，父亲带她到图书馆去，鼓励她看三类书：人物传记、历史和政治书籍。

罗伯茨刻意为女儿创造一种节俭朴素、拼搏向上的家庭氛围，因而玛格丽特的早年生活清淡艰苦。他与女儿就各种问题进行辩论，以造就她机智沉着、语言犀利、充满感染力和穿透力的雄辩才能。11岁时，玛格丽特进入凯斯蒂女子学校。在辩论俱乐部的辩论会上，她的辩论思维敏捷、观点独到、讲话准确、气势磅礴。

入学后，玛格丽特发现她同学的生活是如此自由和丰富，他们一起在街上游玩，一起做游戏、骑自行车。星期天，他们又去春意盎然的山坡上野餐。幼小的玛格丽特也幻想能有机会与同学们一起玩耍。有一次，她回家鼓起勇气跟威严的父亲说："爸爸，我也想去玩。"罗伯茨脸色平静地说："你必须有自己的主见！不能因为你的朋友在做某件事情，你就也得去。你要自己决定你该怎么办，不要随波逐流。"见她仍有怨气，罗伯茨继续说："爸爸并不限制你的自由。而是你应该要有自己的判断力，有自己的思想。现在是你学习知识的大好时光，如果你想和其他人一样，沉迷于游乐，那样肯定会一事无成。我相信你有自己的判断力，你自己做决定吧。"听罢父亲的话，小玛格丽特不吱声了。

罗伯茨常常在女儿身边提醒，让她拥有自己的主见和理想。正是罗伯茨对女儿独立人格的培养，才使玛格丽特从一个普通的女孩，最终成为一位连任三届，执政12年的英国首相，而且在世界政治舞台上叱咤风云、独霸一方。

主见，也就是在遇到问题时，能够独立去面对和解决的决断力。在生活和学习上喜欢依赖别人，这对女孩将来走入竞争激烈的社会是很不利的。因而，妈妈在女孩还小的时候，就要培养她有自己的见解，让她做一个果断、自信的人。

一个有主见的女孩必定要有自信，因为在面对事情的时候，她需要能够更好地把握自己。另外，这类女孩也要有责任心和勇气，因为做出了决定，就要有勇气去承担这个决定的后果。当然，让女孩有主见，就需要培养她独立的思考能力与勇敢的探索精神。

培养女孩勤于思考的习惯

一般没有主见的人思想都懒惰，面对问题也不能积极思考。培养女孩勤于思考的习惯，是主见的力量源泉。只有善于思考的人，面对问题才会积极主动地想办法。其实，主见就是源于自己对所想办法的自信。

一个思想懒惰、遇事只知道问别人、从来不知道自己想办法去解决的女孩，她永远都不可能独立，更别说拥有主见了。所以，父母应该培养女孩善于思考的习惯。

要给女孩信任

妈妈的信任，是鼓励女孩独自做事的强大的支持力。当女孩感觉到父母对自己的信任时，在做事情的过程中，女孩就会更加积极，遇到困难也不会轻易放弃，一想到父母的信任，就会努力去克服和解决困难。

父母给予女孩自己做事情的信任，是对女孩能力的一种认可，是对她的一种无声的鼓励。女孩感觉到这种信任，也就感觉到了父母对自己决断能力的认可。当然，这种激励也会让女孩敢于承担自己应该承担的责任和义务，能够去下决定，并对自己的决定去积极负责。

让女孩自己的事情自己做

自己的事情自己做，是女孩学会独立的开始。

米兰平时总想偷懒，很多事情都想让妈妈来帮着自己做，不想去费心思。妈妈却很坚持，每次都让她自己的事情就要自己做，如此一来，米兰也只好认真对待自己的事情。每天晚上睡觉前都会自己先把明天要穿的衣服找好放在床头。每次回家还要给自己种养的一些花草浇水，这些花都是她很喜欢的。渐渐地，米兰就能很好地管理自己的一些事情了，也能够很有主见地对待生活中其他的事了。

自己的事情自己做，是培养女孩主见的很好办法。从小让女孩学会自理，其实就是在锻炼她们更好地处理和应对自己的事情，能够三思而后行。如果父母不能放手，让女孩学会自己的事情自己做，那么她们就会丧失主见，依附于父母。

给女孩一些自主的权利

不能因为女孩年龄小，就不给她们自己做主的机会，事事都要帮她们拿主意、做决定。长此以往，只能让女孩失去自己的主见。父母从小就应该给她们自己做主的机会，不要去强迫她们按家长的意思来做。

现在很多女孩都有自己的喜好，父母在做事情前要多听听女孩的意见。比如给女孩买一件衣服，妈妈想给女儿买看起来普通、质量却很好的衣服，而女孩却喜欢那件很漂亮的、质量一般的衣服。女孩表达了这个意思，父母就应该尊重。这样就不会挫伤女孩自己拿主意的积极性，女孩遇事也就能有主见了。

教会女孩说"不"

说"不"是面对别人不合理的要求，或自己不愿意做的事时，说出自己的想法，这是自己做主的体现。

娇娇和妈妈一起去商场里买一些物品，她的毛巾旧了，要换一条新的了。妈妈看上了一条粉红色的毛巾，觉得它很可爱，就要买下来。娇娇一看，就对妈妈说："我不想要粉色的，我喜欢米黄色的，我要米黄色的那一条。"

妈妈看着女儿认真的表情，想女儿真是长大了，能够做出自己的选择了，就尊重了女儿的决定。此后，对于娇娇的一些用品，妈妈都要先问一问她的意思。

妈妈要有意识地培养女孩敢于对父母、兄弟姐妹说"不"，这是培养女孩主见的开始。这样能够让女孩明白，自己的思考也是很重要的，权威不一定就是永远正确的，要能够自我评判。

❀✿❀✿❀✿❀

艺术欣赏，提高女孩的审美能力

感受音乐的美，可以让女孩聆听更多直达心灵的声音；感受绘画的美，可以让女孩看到更多生活的色彩；感受舞蹈的美，可以让女孩体验更多身体散发的魅力……作为妈妈，我们除了让女儿去感受这些艺术的美，更重要的是提高女儿对艺术的感受力，让她学会怎样发现美，进而改变自己。

我们先来分享一位母亲的育儿经验：

亨利·摩尔是英国著名的雕塑家，是20世纪全球最具影响力的雕塑家之一。这次，他有12件雕塑作品在北京北海公园湖边展出。

10月的北海公园，秋风袭来，撩起人们无尽的情怀。几艘船在波光粼粼的湖面上荡漾，勾起我无边的思绪和遐想，仿佛我跟着船一起在动、在漂；只有对面那岿然不动的白塔，才让我明白身在何处。漫步在北海湖边，伴着柳枝，伴着鸟鸣，伴着湖水，伴着亨利·摩尔的雕塑，我仿佛走在人间仙境，仿佛步入艺术殿堂，领略着艺术和自然风光的和谐美。

"妈妈！"是女儿那甜甜的声音把我拉到现实。她和几十个小朋友，用画笔、心和手去勾画亨利·摩尔雕塑的"母与子"坐像。她的画接近尾声时，有一位报社记者想拍女儿的画和雕塑，她欣然同意了。

她画完了一张之后，已是中午。我想带她和78岁的母亲去饭店吃饭，她不同意："不吃，要继续画第二张'母与子'卧像。画完了画，四点钟还要到老师家上打击乐课。"

我被她的执着深深地感动了，于是给她买来了香肠、炸鸡腿、糯玉米。她按时完成了第二张作业。在此期间，我沿着湖边，一路小跑把亨利·摩尔的其他10件雕塑都摄入了我的相机里。她看着累得狼狈不堪、汗流满面的我，拍拍我的肩膀，说了声："妈妈，辛苦了！"

跟孩子在一起的时候，我常常被孩子那种毅力和精神所感动，还有那独特的艺术氛围，仿佛自己也置身于艺术世界。我以前不知道亨利·摩尔的名字，更不了解他的作品。今天是因为陪女儿，我才认识了他，结识了他的作品，知道了他的作品是从人体结构以及自然物体，诸如石头和骨骼中汲取了灵感。这些作品是一位极富创造力的艺术家、一位伟大的人文主义者对表现形式本身所进行的毕生探索和颂扬。

回到家里，78岁的姥姥仔细地端详着外孙女的画，在连连称赞的同时，不顾一身疲劳，拿起笔也画起了素描，并对我说："我再不画那些花、草、鸟的画了，我也要画点雕塑、名画……"也许艺术的魅力、艺术的感染力就在于此。

所谓艺术，是一种文化现象，大多表现为满足主观与情感的需求，其根本在于不断创造新兴之美，并借此表达人们内心的情绪与渴望。一般来说，艺术的种类包括音乐舞蹈等表演艺术、绘画摄影等视觉艺术、雕塑建筑等造型艺术、电影电视等视听艺术、文学等语言艺术、戏剧歌剧等综合艺术……

最重要的是，每一种艺术都可以激发出女孩与众不同的气质，并且在提高女孩对艺术的感受力的同时，也激发出她对艺术继续探索的热忱和信心，同时，这种热忱和信心也会转移到其他方方面面，例如将对音乐的热爱转变成对生活的热爱。

女孩学会了欣赏艺术美，她在受到美的感染的同时，也能激发她对美的向往，追求美的动机。父母多让女孩去接受这些艺术，就是让女孩接受一种来自艺术的熏陶，也是对女孩的一种美的教育。在女孩体会美感的同时，心中也会随之升起各种各样的情感。这些都是女孩在真切地感受过后才会生成。

让女孩学会欣赏艺术之美，也是对女孩审美意识的一种培养，对女孩美育观的一种培育，能够让女孩更懂得发现美、欣赏美。

让女孩多去看书法绘画展

书法绘画传递的是一种书卷式的艺术美。

冉冉从小就跟着爸爸学书法和绘画，最初对这个产生兴趣，就是因为爸爸常常会因为工作的关系要去参观一些书画展，她便也和爸爸一起去了，在看多了之后，她也就对这些字画产生了浓厚的兴趣。在这种兴趣的引导下，她便开始了自己的学习之路。

冉冉在喜欢上了这种艺术形式之后，每逢大展小展必会到场观看，每次看完之后，还会写一些个人心得，这些活动也都进一步激发了她的学习热情。

父母平时只要有机会就要让女孩多去接触一些相关的书画展览，书画蕴含着我们先人的很多艺术精髓。让女孩多去观摩，能够让她受到更多艺术的熏陶。

让女孩观赏美好的音乐表演

音乐表演不论是现代的还是古典的，都是一种很重要的艺术形式，是艺术美的重要展现。

晴晴回家和妈妈说想去听一场音乐大师的演奏会，但是门票很贵，自己的零用钱不够，想向妈妈借点钱。妈妈知道孩子也是学音乐的，想去听的心情很迫切，也就很高兴地答应了孩子的要求。看完之后，晴晴羡慕地跟妈妈说，大师的演奏技术真的很棒，自己还有很大的差距，一定要努力学习才能够不辜负自己对艺术的向往。

平时晴晴就喜欢听一些世界顶级音乐大师的演奏会，为此，她常常利用暑假的空闲时间打工为自己积攒门票的费用。每次聆听完音乐大师的演奏会，晴晴都觉得受益匪浅，这些艺术对晴晴的熏陶，让她坚定了自己对艺术的追求。

音乐表演展现给女孩一种艺术之美，女孩多去观看这些表演，就可以更多地感受到音乐的熏陶。音乐也是对人的情感的一种宣泄和描绘，只要女孩掌握了相对的音乐技能，就能够通过艺术的方式把一切鲜明的、模糊的情感描绘出来。

让女孩多读诗书

女孩想深切地体会艺术之美，就要多读诗书。无论是绘画还是音乐都和中国古典文化密切相连，有些就是古典诗词的另一种形式，因此，不能深刻了解中国古典文化，也就不能够深切体会艺术作品中蕴含的美。

鼓励女儿多读书，孩子多读诗书能丰富情感体验，它能让孩子接触到艺术作品后懂得欣赏艺术之美。

叶娟是个人见人爱的孩子，她在待人接物、举止谈吐方面都高出同龄孩子一筹，引来很多父母的羡慕和敬佩。

为此，很多父母向叶娟的父母请教，到底是什么妙招让孩子这么棒？

叶娟的父母往往淡淡地一笑，只用简短的几个字来概括，那就是多让孩子看书。

叶娟的妈妈张倩透露，她是这样引导女儿读书的：从孩子一出生，只要是醒着的时候，她都会给孩子读书听，慢慢地，她发现女儿在听妈妈阅读的时候会手舞足蹈，仿佛在享受一件优美的事情。

等女儿长到两岁后，张倩就开始给她买一些绘本，为她念上面的文字，并让她观察上面相应的图画；再到后来，她就开始给女儿讲故事；上了幼儿园后，她会鼓励女儿自己讲故事给妈妈听。

就这样，那一个个优美动听的童话故事陪伴着叶娟成长的每一天。正是在这种熏陶之下，叶娟的语言、写作等能力均得到了很大的进步。慢慢地，叶娟自己也感受到读书带来的乐趣了。

叶娟6岁那年，上小学了。这时候，张倩也开始逐步"放手"，试着吊吊女儿求知的胃口。比如，有时候她会把故事讲到一半，然后推托说还有事急着要做，让女儿自己去看完。

虽然女儿不太高兴，但由于太想知道故事的结局，就努力地继续往下看。虽然还有很多字她并不认得，但没关系，有拼音帮忙，慢慢地，叶娟就养成了自己看书的习惯。

现在，叶娟快小学毕业了，而她看过的书也藏了满满的一书柜。这些藏书里，既有叶娟小时候看过的故事书，又有后来的儿童小说、百科全书、儿童画报及杂志等。

在不断汲取知识的过程中，叶娟的自信心也越发增强。如今，读书已经成了叶娟生活中必不可少的一部分，在汲取知识的同时，也享受着阅读带来的快乐。

鼓励女孩去学一门艺术

要想体味出艺术中的奥秘，最好的方法莫过于去学它。

岚岚在4岁的时候，爸爸妈妈就开始带她去看书画展，也带她去看了各种音乐歌舞表演，一是想开阔孩子的眼界，二是想从中发现孩子的兴趣。结果父母发现岚岚个性比较活泼爱表现，尤其是音乐对她的吸引力很大，于是就踏上了培养孩子音乐特长的道路。

岚岚在学习音乐之后，对音乐的认识和见解一下子就提高了很多，每次看到别人的表演，她都会就此说出自己的一番见解。

妈妈想要让女儿能够更好地欣赏来自艺术的美，可以选一个女儿比较感兴趣的艺术形式来让她从小就开始学习，把它培养成为女儿的一项特长。女儿在学习的过程中可以更好地了解这门艺术的细节，从而学会鉴赏。

❀✿❀✿❀✿❀

男孩的冲突让他们自己解决

当男孩与兄妹或者其他小伙伴，发生冲突时，妈妈先不要急于插手帮他们解决，而是应该鼓励他们自己解决，培养他们处理冲突的能力。

一次，楠楠与妹妹悠悠在客厅玩耍，不一会儿，两个小家伙就吵了起来。楠楠跑来向妈妈告状："妈妈，妹妹抢我的积木！"还没等妈妈说话，悠悠就抢着说："哥哥他小气，他那么多积木呢，我用几块他都不给。"

妈妈没有判定这两个孩子谁对谁错，而是这样对楠楠说："你当小裁判员，你来分析一下这件事情应该如何解决。在此之前，你们可以把自己的想法都说出来。"

楠楠想都不想地说："妹妹应该把积木还给我。"

悠悠也不示弱："我不给，你那还有那么多积木呢！"

"但我想用那块半圆形的积木做小房子的房顶。"

"我也要用那块半圆形的积木！"

楠楠和悠悠都看着妈妈，妈妈仍然不参与他们之间的矛盾，而是对楠楠说："你是小裁判员，你应该自己想出一个既公平又合理的办法。"

楠楠想了想，对悠悠说："这样吧，你是妹妹，我让着你，你先用那块半圆形的积木，但15分钟后你要把它还给我，然后我再用它做房顶。"

就这样，冲突和平解决了。

不少妈妈总是认为自己的孩子小，不具备自己解决困难或冲突的能力，尤其如果男孩是老二的话，更是怕他吃亏，实际上孩子是有解决困难的方法及策略的。所以，不要总去帮助孩子，应当放手让他们逐步学会自己处理事情，自己解决事情。这样，在他以后的人生路上，他会发现自己走得很轻松，知道如何去应对所遇到的一切。

晚饭过后，优优一家三口到院子里打羽毛球。一到楼下，优优看到小球场上有一群同伴在打篮球，就把拍子交给妈妈，兴高采烈地跑去加入孩子们的行列。

只一会儿工夫，妈妈就听到孩子们的争吵声。因为离得远，根本听不清孩子们在争吵什么。妈妈注意到优优很激动地对着一个高他一头的男孩子连说带比画，一个劲儿地指着边线，那个男孩子嘴里也在嚷嚷什么，还抬手推了优优一把，一下子把优优推倒在地。

优优妈妈走到球场边，扒拉开人群，先把儿子扶起来，然后一把拉住带头打人的高个男孩，"你怎么动手打人？"见他一脸不屑的不服气，优优妈妈更来气了，"你是不是这个院子的？你的妈妈呢？得让她好好管管你！"

因为优优妈妈的干预，孩子们不再争吵了。优优妈妈拉住儿子，"都打架吃亏了，咱不玩儿了，回家！"儿子嘟囔道："我们的事儿，谁要你来管？就是你让我玩儿，我也不玩儿了！"

孩子们在一起玩耍时，难免会产生分歧，出现一些矛盾和摩擦，这是很正常的。做妈妈的有时会因为看到或是怕自己的孩子吃亏，而介入孩子们的矛盾或冲突中，充当调停者，希望通过这样的方式解决孩子的问题，殊不知，这样反而会使问题复杂化。

在孩子之间发生冲突时，妈妈不用主动介入其中，成为评判是非的法官。在冲突发生的过程中，如果妈妈相信孩子的能力，为他们提供机会，让他们自己解决冲突，而自己只是作为一名引导者适时地介入，不仅可以平息冲突，而且还可以促进孩子社会性交往、道德判断、语言表达等一系列与社会性有关的能力的发展。

❅❈❅❈❅❈❅❈

让男孩从小就学会负责

责任心是孩子健全人格的基础，是能力发展的催化剂。只有具备一定的责任感，人才能自觉、勤奋地学习和工作，做各种有益的事情，掌握各种技能，孩子必须从小培养责任感，以便长大后能尽快适应社会，照顾家庭，完成本职工作，尽自己的责任和义务，进而成为优秀的人才。

让男孩先学会对一件事情负责，然后他才能够在生活中对自己的每一件事都抱着一个负责任的态度来做，在遇到困难时也不会轻易就打退堂鼓。培养孩子良好的责任感，对于孩子的成长很重要，妈妈要督促和鼓励孩子从小做事就能够有始有终。

在一个雪天的傍晚，中士杰克先生匆忙地走在回家的路上。路过公园时，他被一个人拦住了："先生，打扰一下，请问您是一位军人吗？"这个人看起来很着急。

"是的，我是。我能为您做些什么吗？"杰克急忙回答道。

"是这样的，我刚才经过公园门口时，看到一个孩子在哭。我问他为什么不回家，他说自己是士兵，在站岗，没有接到命令是不能离开这里的。和他一起玩儿的那些孩子都不见了，估计是回家了。"这个人说，"我劝这个孩子回家，可是他不走。他说站岗是自己的责任，必须接到命令才能离开。看来只能请您帮忙了。"

杰克心里一震，说："好的，我马上就过去。"

杰克来到公园门口，看见那个小男孩在哭泣。杰克走了过去，敬了一个军礼，然后说："下士先生，我是杰克中士，你站在这里干什么？"

"报告中士先生，我在站岗。"小男孩停止了哭泣，回答说。

"雪下得这么大，天又这么黑，公园门也要关了，你为什么不回家？"杰克问。

"报告中士先生，这是我的责任。我不能离开这里，因为还没有接到命令。"小男孩回答。

"那好，我是中士，我命令你现在就回家。"杰克对小男孩严肃地说。

"是，中士先生。"小男孩高兴极了，还向杰克敬了一个不太标准的军礼。

小男孩的举动深深地打动了杰克，这个孩子的倔强和坚持看起来似乎有些幼稚，但他所体现的责任和守信却是很多成年人都无法做到的。

责任心是一个人立足社会、获得事业成功至关重要的人格品质。现在许多妈妈都过多地注意孩子的智力和身体的发展，对孩子的责任心的培养却不大重视，这对孩子的成长不利。

在大力提倡素质教育的今天，妈妈应该用自己的爱心、耐心和智慧去培养孩子的责任心。

增强男孩的主人翁意识

妈妈要注意对男孩主人翁意识的培养。一个孩子要先学会做自己的主人，然后才能做到对自己负责，进而表现出对自己工作的负责，对社会的负责。责任意识基于一种自主自立的主人翁意识。如果孩子缺乏主人翁意识，就会把责任推向别人，碰到问题，也不会想要积极主动去解决。

妈妈帮孩子树立了强烈的主人翁意识，孩子才会尽职尽责地做好自己分内的事，还会自愿去维护他人的利益及社会公德，用更加严格的标准来督促自己做好每一件事，不依赖于人，不推脱于人。

让男孩参与家庭责任的承担

孩子的责任感是在反复实践中培养起来的，而家庭是一个很好的实践场所。

宽宽在上小学的时候，就要负责家里每天早晨的取报和取牛奶任务。上中学的时候，家里买米和买油这些较重的活，也交给他来负责了。只要东西没有了，他就负责去超市里把东西买回来。家里其他的家庭分工，他也都有份。

这让宽宽觉得自己是这个家庭中很重要的一员，有什么事他也都能先从家庭整体利益的角度出发，把个人的利益放在第二位。所以无论什么时候，他都觉得自己是这个家的主人翁，要对所有的人负责。

孩子在生活实践中多参与家庭分工，会让他们更有归属感。孩子会觉得自己在这个家庭里是很重要的一分子，也要来尽一份力，这种想法就是责任感的体现。孩子学会了对自己所做的事情负责，也懂得了要对家庭尽到自己应尽的义务和责任。

让男孩学会为自己的过错负责

犯错误是常有的，但是能够对自己的错误负起责任，却不是人人都能够做得到的。

江南的妈妈要去看望外婆，所以这个星期天他一个人在家。他们班上的足球赛马上就要开始了，他要在上午九点钟赶到学校集合，参加训练。在骑自行车去学校时，他不小心把一位老人给撞倒了，他赶忙下车，扶着老人去医院里检查，结果没什么大问题。他又把老人送回家，还把自己的姓名和地址留给了他，说只要有问题，就来找他。

妈妈回来知道了这件事后，又和江南一起买水果去看望了老人一次。老人直夸江南是个好孩子，有担当、有责任感，将来一定会有出息的。

男孩犯了错误，能不能够去主动承担，是他是否具有责任心的体现。妈妈不要怕孩子犯错，而是要让孩子在犯错后，不要推脱自己的责任，自觉主动地去承担。

让男孩做事有始有终

培养良好的责任感，是要靠坚强的意志和持之以恒的态度来维持的。孩子在年幼的时候，可能会因为兴趣比较广泛，做事情喜欢虎头蛇尾，这是孩子责任心缺乏的表现。妈妈在看到孩子的这些表现时，一定要让孩子做到做事有始有终。

❀❀❀❀❀❀

妈妈放手，男孩会更勇敢

渴望被信任，这是一种积极的心态，是每个正常人的普遍心理，也是一个人奋发进取、积极向上、实现自我价值的内驱力。被信任对孩子良好心理品质的形成具有积极的激励作用。

吴琳在35岁时才生了二宝，因此她对二宝格外疼爱，孩子都7岁了，她从来不肯撒手让其独行，甚至离家几步之遥的地方都不让他独去。吴琳的想法较多，她怕孩子过街的时候被车碰到，怕孩子到外面碰到坏人，怕孩子遇到突发事件不会处理等。孩子有几次挣脱妈妈的手，想独立地去做自己的事，都被吴琳硬给拽回来了。

有一次，孩子想自己去新华书店买书，吴琳没有答应，孩子非常正式地跟她说："妈妈，给我一次机会，相信我吧，我肯定没有问题。"面对孩子近似乞求的语气，吴琳决定相信孩子。两个小时后，孩子高高兴兴地从书店回来，一种自豪的表情挂在脸上。

从这以后，只要是孩子能自己处理的问题，吴琳就放手让他去做，有时还把一些重要的事情交给孩子办，孩子完成得都还不错。慢慢地，孩子也感觉到了妈妈对他的信任，变得勇敢多了，只要自己能够完成的事情，通常都是自己完成。

家庭教育是在父母和子女的共同生活中，通过双方的语言交流和情感交流来进行的。父母与子女的相互信任是成功家教的重要因素。一些教育专家在家庭调查中发现，子女对父母有特殊的信任，他们往往把父母看成是自己学习上的蒙师、德行上的榜样、生活上的参谋、感情上的挚友。他们也特别希望能得到父母的信任，父母的信任对于孩子来说，就是一剂祛除胆怯的速效药，只要父母充分地相信孩子，那么孩子的胆小怯懦就会被彻底医治。

有家庭教育专家曾经说过，教育的奥秘在于坚信孩子"行"。每个孩子心灵深处最强烈的需求和成人一样，就是渴望得到赏识和肯定。父母要自始至终给孩子前进的信心和力量，哪怕是一次不经意的表扬，一个小小的鼓励，都会让孩子激动好长时间，甚至会改变整个面貌。父母应该从对孩子的信任出发，培养孩子的勇气，相信孩子能够自己穿好自己的衣服，相信孩子能够独自上学，让孩子在父母的鼓励和信任中勇敢地面对生活，不断地取得进步。

那么，怎样才能做到信任孩子，通过信任来增强孩子的勇气呢？

为孩子提供施展才能的机会

在日常生活中，对孩子的一切，父母切忌热心包办和冷淡蔑视。凡是孩子能做的事，只要是有益的，父母就一定要支持孩子独立完成。孩子缺乏经验和技术，有时失败了，或者有什么失误，这是正常现象。当孩子遇到挫折和失败时，父母应多进行安慰和鼓励，帮助他们找出原因，使他们的自信心得到充分的保护。随着自理能力的增强，孩子会逐渐认识到自己的力量。

正确对待孩子的错误

当孩子有了错误时，父母不要用偏激的言辞去斥责，而要循循善诱，晓之以理，和孩子一起分析事件的来龙去脉，指出孩子犯错误的原因以及造成的危害，然后帮助孩子改正错误。一生中不犯错误的人是没有的，特别是人生观和道德观正在形成中的孩子。做父母的要充分理解他们、信任他们，引导他们正确对待错误。

不失时机地给孩子以鼓励

对孩子经常性的鼓励可以增强孩子的自信，可以让孩子感到父母对自己的信任。

一个学生很胆小，老师每次提问都不敢举手回答，即使她自己知道答案。老师发现后就鼓励她举手，老师和她约定：当她真会的时候就高高地举起左手，不会的时候就举起右手。这个约定，对孩子来说是一种莫大的鼓励。渐渐地，这个孩子越来越多地举起骄傲的左手，越来越多、越来越好地回答老师的课堂提问。这个原本极有可能在太多的嘲笑中失去勇气的孩子，也由一个"落后生"转变成了一个好学生。可见鼓励对培养孩子勇气的作用。

对孩子宽严相济

有的父母认为，教育孩子就是让孩子怕自己，孩子对自己有了"畏惧"才能产生很好的教育效果。其实不然，这样只会让家长和孩子之间的感情产生裂痕。正确的做法是对孩子既要严格要求，善于从日常生活中发现问题，随时给孩子引导和指引；又要把孩子作为平等的伙伴，与孩子一起学习一起玩耍，尊重孩子的一切；这样，孩子就会把家长当作朋友来看，孩子的心里就会感到踏实，他们也更有勇气去面对其他人。

父母对孩子的信任能够激发孩子内心的动力，让孩子体会到成功的快乐和失败的快乐。他们会在父母充满信任和友谊的目光与言语中，从摔倒的地方勇敢地爬起来，一步一个脚印地走向成功，实现他们心中的理想。

从小锻炼男孩的领导才能

每个男孩都具有领导者的潜能，而父母却常常忽略对这个潜能的开发。美国等西方国家的学校已经把学生领导力的培养引入正常教学实践中，中国的许多教育专家也越来越重视对这个问题的研究。他们发现在领导者的能力中，大多都是可以通过对孩子的培养获得，比如胸襟开阔、能与人合作、能支持别人等。

有些男孩看起来就像天生的服从者，他们经常说："你看我适合做什么吧，你安排就行了。"这其实是一种消极的态度，在避免承担责任的同时，他们也失去了实现自己梦想的机会。

思远是个初一的男孩，他性格温和内向，不太乐于与人交往。有一次，妈妈为他报名参加了一个野外生存训练营。由于思远经常在家里帮助妈妈做家务，洗衣做饭这些活儿他都能干得较好，于是，小伙伴们一致推举他为队长，思远却拒绝了。他说自己没有当过领导，不知道如何分配任务和组织大家。小伙伴们没有勉强他，另推选了一位担任过班干部的小朋友当了队长。这个男孩微笑着接受了大家的推举，然后向思远请教各种具体问题怎么处理。男孩认真地把要做的各项工作记录下来，然后分配给各个队员，这次野外活动就在他还算合理的安排下结束了。

当今社会，激烈的竞争鼓励男孩要勇于挑战，积极进取，不允许消极回避的思想存在。俗话说：不愿意当将军的士兵不是好士兵。

妈妈一定要注重培养男孩的领导意识。领导意味着要承担更多的责任，这也是培养男孩责任感的重要方式。只要父母适当地引导，男孩以后一定会在社会上有一番作为。

妈妈要告诉男孩，每个人都具有领导潜能，那些关于自己是否适合当一个领导者的忧虑是不必要的。目前的不成功，是因为缺乏丰富的知识和人生的历练。父母应该经常告诉男孩，不要怀疑自己，你同样具有领导潜能，只是这种潜能没有得到很好的引导和开发，没有形成真正的领导能力。应该经常给男孩这种积极的暗示，让他们从内心相信自己。

夕阳是个六年级的男孩，他以前非常内向，也拒绝当什么班干部，他认为那事就是费力不讨好，一有责任全是自己的。妈妈知道后，告诉他这也是一种锻炼，如果没有领导能力，很难有责任感，也不会受他人的欢迎。

在妈妈的鼓励下，夕阳开始参与班长的竞选活动，经过几次失败后，他终于被选上了。当选了班长后，他经常组织各种活动，慢慢地培养了自己的领导能力。

妈妈应该鼓励男孩把握当领导的机会，在学校做班干部同样可以锻炼领导能力，最重要的是，父母应该让男孩做一个有所为的领导，即使是个小领导，如小组长之类，也要努力争取，努力为大家服务。

领导潜能能否最终被激发出来，变成男孩的领导能力，重在锻炼，在于经验的积累。因此，父母应该鼓励男孩勇敢地把握当领导的机会，即使失败了，也积累了经验，吸取了教训，这就是收获。许多次的锻炼之后，男孩的领导能力就会得到提高。

阳云是个初二的男孩，是学生会主席。有一次，学校组织了一次献爱心的活动，他根据学校团委下达的活动宗旨，制订了具体可行的计划。

他分配各个班级轮流去敬老院看望老人，帮他们打扫卫生，陪他们聊天或者去孤儿院看望那些可怜的孩子，还安排一些班级去帮助环卫工人打扫卫生，并且规定了各项活动内容的规则。在阳云的具体安排下，那次活动办得非常成功，他也因此受到了团委老师的一致好评。

妈妈应该告诉男孩，领导者也是服务者，并不是居高临下的掌权者，也不是一个可以炫耀的身份。事实上，真正的领导者是一个团队的服务者，他懂得尊重团队的意愿，了解团队的需要和目标，并且为实现这个目标而领导团队的工作，服务于团队的利益。

从小锻炼孩子的领导才能，让他们能够在群体中脱颖而出，使他们能够带领一班人完成更大的事业，对社会对个人都非常有帮助。

❀✿❀✿❀✿❀